Das große Buch der Bauernweisheiten

Meinem Großvater in Gedenken,
mit dem die bäuerliche Tradition
meiner Vorfahren endete

Die Deutsche Bibliothek – CIP-Einheitsaufnahme

**Das große Buch der Bauernweisheiten** : 3333 Sprichwörter,
Redensarten und Wetterregeln / Hrsg.: Rudolph Eisbrenner. –
Würzburg : Stürtz, 1997
ISBN 3-8003-0858-4
NE: Eisbrenner, Rudolph [Hrsg.]


Covergestaltung Inline GmbH, Würzburg
Typographie Helmut Selle, Leipzig
Herstellung Sylvia Borchers
Printed in Germany ISBN 3-8003-0858-4

# Das große Buch der Bauernweisheiten

3333 Sprichwörter,
Redensarten und Wetterregeln

Herausgegeben von Rudolph Eisbrenner

Stürtz Verlag Würzburg

# Inhalt

# Einleitung

In jeder Sprichwortsammlung findet man eine ganze Reihe von Sprüchen, die vom bäuerlichen Leben und vom Wetter handeln. Es sind wie alle Sprichwörter kleine Wortkunstwerke, die sich schon beim ersten Hören einprägen. Man sagt sie gern weiter, weil sie eine bestimmte Lebensauffassung und -erfahrung ver d i c h t e n , denn Sprichwörter sind Teil der Volkspoesie, die von Gruß-, Wunsch-, Verwünschungsformeln über Waid-, Handwerks- und Trinksprüche zu den Weisheitssprüchen, Rätseln, Volks- und Kinderreimen reicht. Nur durch ihre Kürze unterscheiden Sprichwörter sich von den aus denselben Wurzeln gewachsenen Volksdichtungen der Märchen, Sagen und Legenden. Sie alle sind aufgrund ihrer mündlichen Überlieferung schließlich zum Allgemeingut geworden. Oft haben Sprichwörter eine lehrhafte Tendenz, manchmal dienen sie auch nur dem Scherz, dem Schimpf oder dem spielerischen Umgang mit der Sprache. Viele von ihnen findet man erstmalig in der Bibel, bei den klassischen Autoren der Antike und in mittelalterlichen Schriften. Aus diesen Werken »entlehnt«, wurden diese sogenannten »Lehnsprichwörter« dann oft abgewandelt und verfremdet.

Gesonderte Sammlungen von Wetterregeln gibt es nachweislich erst seit der Erfindung des Buchdrucks im 15. Jahrhundert. Neben der Bibel waren Kalender die meistgedruckten Werke und in ihnen wurde das bäuerliche Erfahrungswissen in gebundener Rede – also in Spruchform – festgehalten. Vor allem im 19. Jahrhundert, zur Zeit der Romantik, begann man systematisch die Volksdichtung zu sammeln und auch wissenschaftlich zu systematisieren. Die Gebrüder Grimm sind dafür das bekannteste, aber nicht einzige Beispiel. Seitdem gab es immer wieder Veröffentlichungen, die regional begrenzt oder Sprachgrenzen überschreitend das Wetter in Sprichwort und Bauernregeln abhandelten.

Die meisten dieser Bücher sind nur noch in Bibliotheken zu finden und bilden das Quellenmaterial für wissenschaftliche Arbeiten und den Gegenstand volkskundlicher, literaturwissenschaftlicher und meteorologischer Einzelforschungen.

Diese umfangreiche Anthologie will dagegen nicht mehr und nicht weniger als eine Zusammenstellung der schönsten und bekanntesten, aber auch schon vergessenen und doch bewahrenswerten Wetterregeln und Bauernweisheiten neu zugänglich machen. Als reich illustriertes Lesebuch bringt es das Erfahrungswissen unserer bäuerlichen Vorfahren in Erinnerung – geordnet nach Anlässen, Tagen, Monaten und Wetterzeichen in der Natur. Gewohnheiten und Brauchtum des bäuerlichen Lebens sind in unserer Welt fast ausgestorben und haben durch die nahezu ausschließlich industriell betriebene Landwirtschaft an Lebenshintergrund und Bedeutung verloren. Trotzdem spiegeln sich in den meisten Bauernregeln noch heute nachvollziehbare und oft auch gültige Erfahrungen, die aus jahrhundertelangen Beobachtungen gewonnen sind.

Gerade die im ersten Teil versammelten Bauernweisheiten dokumentieren, wie viel von den praktischen Tätigkeiten und Bräuchen des bäuerlichen Lebens beispielhaft in auch heute noch verständliche Lebensregeln und Ratschläge umgemünzt wurde. Die direkte, dem Leben auf und mit dem Lande entnommene Bildlichkeit macht die hohe Einprägsamkeit, den oft drastischen Humor und die damit verbundene Hintersinnigkeit dieser Sprichwörter aus.

Viele der im zweiten und dritten Teil nach Monaten und Jahreszeiten geordneten, kalendergebundenen Wetterregeln sind meteorologisch nicht exakt, oft nur regional begrenzt zutreffend. In ihnen aber allein

Dokumente längst überholten Aberglaubens zu sehen, wertet ihre einstige Bedeutung für das praktische Arbeitsleben auf dem Lande ab. Gerade weil unsere Natur zunehmend zerstört und bedroht ist, können wir in ihnen einen Lebensrhythmus wiederentdecken oder auch nur erinnern, der einen schonenden und erhaltenden Anspruch im Umgang mit der Natur beweist.

Das Leben der bäuerlichen Menschen war neben der Arbeit von der Kirche und dem christlichen Glauben bestimmt. Wir wissen heute, dass sich viele kirchliche Festtage an noch ältere heidnische Bräuche und Riten anlehnen. Der Kalender selbst wurde im Laufe der Jahrhunderte mehrfach geändert. Schon vor 6000 Jahren im alten Ägypten zählte man nach den Monden (Monaten) 360 Tage für ein Jahr, das im Juli mit der für Saat und Ernte lebenswichtigen Nilschwemme begann.

Zur Zeit Julius Cäsars wurde auf das Sonnenjahr umgestellt, das nach den Berechnungen der damaligen Astronomen genau 365 Tage und sechs Stunden dauerte. Als man feststellte, dass 11 Minuten je Jahr fehlten, waren bereits mehr als 1600 Jahre vergangen, weshalb Papst Gregor anordnete, 12 Tage auszulassen und den Tag nach dem 4. Oktober 1582 auf den 15. Oktober zu datieren. Die Verteilung der Tagesanzahl auf die Monate war willkürlich, so wie der Beginn des Jahres in den verschiedenen Kulturen unterschiedlich war und teilweise noch ist. So erklären sich manche Verschiebungen aus den verschiedenen Kalendereinteilungen und man kann die bisweilen abweichenden Lostagssprüche nur aus den weit auseinander liegenden Entstehungszeiten und den regionalen Unterschieden erklären.

Für den deutschen Sprachraum und das christliche Abendland insgesamt waren die Maßnahmen prägend und von Dauer, die alten heidnischen Bräuchen »neue« christliche Bedeutungen und Feste überstülpten. Bekanntestes Beispiel ist die Datierung des Christfestes auf die Zeit kurz nach der Wintersonnenwende.

Den heutigen Monatsnamen sind zum besseren Verständnis die alten deutschen Monatsnamen beigefügt, wie sie bis zum Beginn dieses Jahrhunderts im bäuerlichen Leben noch gebräuchlich waren.

Hier soll es nicht darum gehen, den Gehalt der Sprichwörter zu werten und zu gewichten. Wenn eine meteorologische, literaturwissenschaftliche, bzw. volkskundliche Einordnung und Erklärung überhaupt möglich oder sinnvoll ist, dann verlangte sie eine andere Darstellung. Auf einige entsprechende Veröffentlichungen zu Teilaspekten weist das Literaturverzeichnis hin. Die vorliegende Anthologie öffnet Sammlern und Liebhabern einen umfangreichen und mit mittelalterlichen Holzschnitten reich illustrierten Schatz von sonst nur verstreut veröffentlichten und meist nicht mehr greifbaren Bauernweisheiten und Wetterregeln zur vergnüglichen und anregenden Lektüre.

*Der Herausgeber*

---

Zur Benutzung

Die Wetterregeln wurden in den Kapiteln II bis IV alphabetisch nach dem ersten Wort geordnet, mit Ausnahme der Lostagssprüche im II. Kapitel. Sie erscheinen in kalendarischer Reihenfolge. Ungefähr 100 Sprüche sind aus inhaltlichen Gründen in zwei Abschnitten aufgeführt und wurden in der symbolischen Gesamtzahl von 3333 Sprüchen doppelt gezählt. Die Gliederung der Sprichwörter in Kapitel I orientiert sich an ähnlichen Sammlungen, wobei einzelne Bauernweisheiten sich durchaus mehr als einem Sammelbegriff zuordnen ließen. Wegen der weitgehend eindeutigen Gliederung vor allem der Wetterregeln wurde auf ein Register verzichtet.

I

# Bauernweisheiten und Sprichwörter

# Guter Rat

Alle wissen guten Rat,
nur der nicht, der ihn nötig hat.

Arbeit ist beschwerlich,
aber ehrlich.

Auch Fliegen haben ihre Galle.

Auf abgetriebenem Gaul
reitet man nicht weit.

Auf den kleinsten Raum
pflanze einen Baum
und pflege sein,
er trägt dir's ein.

Auf einem Acker
wächst nicht jede Frucht.

Auf einen schiefen Topf
gehört ein schiefer Deckel.

Aus grobem Hanf
läßt sich keine Seide spinnen.

Beharrlichkeit vermag alles.

Beneide niemals den ersten,
denn er hat es immer am schwersten.

Bespiele tun mehr
als Wort' und Lehr'.

Besser biegen als brechen.

Besser die Kuh melken als schlachten.

Besser gut geschritten
als schlecht geritten.

Besser ohne Löffel als ohne Brei.

Besser weniger säen und wohl ackern,
denn viel säen und übel ackern.

Besser zweimal fragen,
als einmal fehlgehen.

Da ist gut Fuhrmann sein,
wo es eben geht.

Das Fallen ist keine Kunst,
aber das Aufstehen.

Das Fallen ist keine Schande,
aber das Liegenbleiben.

Das Schaf ist verloren,
das sich beim Wolf Rat holt.

Den Garten
muß man warten.

Den Hund schickt man
nicht nach Bratwürsten.

Den Vogel der am Morgen singt,
frißt am Abend die Katz'.

Der Honig
ist nicht weit vom Stachel.

Die Biene hat nichts Süßeres
als den Honig.

Die beste Nuß ist keinen Zahn wert.

Die Zeit bringt Frucht,
nicht der Acker.

Ein Bach ist leichter aufzuhalten
als ein Strom.

Ein Baum, der dies' Jahr ruht,
trägt das folgende doppelt gut.

Ein fröhlich Gesicht
ist das beste Gericht.

Ein goldener Sattel
ist wohl viel wert,
aber er macht
aus einem Esel kein Pferd.

Ein gutes Wort führt die Kuh in den Stall.

Ein Jäger und ein Hund
muß warten können vierundzwanzig
Stund'.

Ein kleines Loch stopf zu,
denn groß wird es im Nu.

Eine kurze Rast hält nie auf.

Ein Löffel vol Tat ist besser
als ein Scheffel voll Rat.

Ein loser Mund ist ungesund.

Eine stumpfe Axt fällt keine Eiche.

Einem schweigenden Mund
ist nicht zu helfen.

Einem stößigen Bullen
und einem Betrunkenen
muß man aus dem Wege geh'n.

Einen Baum mit reifen Früchten
darf man nur leise schütteln.

Einen Baum, der zu sehr ins Laub
treibt, muß man beschneiden.

Erschleiche,
was du nicht erlaufen kannst.

Erst besinn's,
dann beginn's.

Erst das Kind,
dann die Wiege.

Erst tun, dann ruh'n.

Es gelingt, wonach man ringt.

Es hat nicht jeder Abgrund
ein Geländer.

Es ist leicht,
in die Nesseln zu scheißen,
aber schwer,
es wieder herauszulecken.

Es ist nicht ein Tag wie der andere.

Es ist nicht gut,
wenn viel' regieren,
das Ruder soll nur einer führen.

Frisch gewagt,
ist halb gewonnen.

Geh treu und redlich
durch die Welt,
das ist das beste Reisegeld.

Gemein Gerücht
ist selten erlogen.

Grobe Säcke kann man nicht
mit Seide nähen.

Groß Vieh braucht viel Futter.

Gut vorbedacht,
schon halb gemacht.

Hartes Holz
will eine starke Axt.

Höflich und bescheiden sein
kostet nichts und bringt viel ein.

Im Trüben ist gut fischen.

In der Hundehütte
sucht man vergeblich
nach Fleisch.

In einen offenen Kasten greift
auch wohl eine ehrliche Hand.

In großen Wassern
fängt man große Fische.

Ist schwierig der Fall,
beschlaf' ihn erst mal.

Jag' du die Arbeit,
sonst jagt sie dich.

Jeder miste seinen Stall.

Je höher das Gras,
je näher die Sense.

Junge Reiser propft man nicht
auf alte Stämme.

Kein Sattel paßt auf jeden Rücken.

Kleinvieh macht auch Mist.

Krieche vor der Herrschaft,
und du bist ihr Hund.

Kurze Zweige,
lange Trauben.

Laß die Henne, gackern,
wenn sie nur jeden Tag legt.

Lernen führt zum Wissen
und Wissen zum Genießen.

Lernen hat eine bittere Wurzel,
aber es trägt eine süße Frucht.

Lernen und Probieren
machen den Künstler.

Leugne frisch vorm Richtertisch.

Lobe die Faulen,
so werden sie flink.

Man braucht die Sau
nicht zu scheren,
weil man sie brühen
und sengen kann.

Man kann nicht zugleich
satteln und reiten.

Man kauft die Katze nicht im Sack.

Man muß dem lieben Herrgott helfen,
gutes Korn zu machen.

Man muß den Kohl verpflanzen,
wenn man Köpfe haben will.

Man muß die Feste feiern,
wie sie fallen,
und das Wetter nehmen,
wie es ist.

Man muß heuen,
wenn die Sonne scheint.

Man muß immer
das Beste hoffen,
das Schlimme
kommt von alleine.

Man muß nicht
einem jeden sagen,
wo der Fuchs Eier legt.

Man muß nicht
Kühe und Schweine
in einen Stall sperren.

Man muß schmieden
solange das Eisen noch heiß ist.

Man soll sein Zeug
nicht an einen Nagel hängen.

Mancher Mann gibt guten Rat,
der für sich selber keinen hat.

Mancher meint sich im Sattel
und hat noch keinen
Fuß im Bügel.

Man lobt keinen,
außer er braucht's.

Man verklagt keine Sau,
die einen besudelt.

Mit dreckigem Wasser
kann man sich nicht
sauber waschen.

Mit Fragen kommt man
durch die ganze Welt.

Mit Füttern ist keine Zeit verloren.

Mit Geld und Worten
kann man alles bekommen.

Mit Hafer lockt man,
mit Sporen fährt man.

Mit Ruhe holt man einen Hasen ein.

Nach dem Regen ist gut fischen.

Nach der Tat
weiß der Gimpel Rat.

Nasses Feld braucht kein Wasser.

Pferd und Esel
soll man nicht zusammenspannen.

Rat nach der Tat kommt zu spat.

Rede wenig, denke mehr,
vieles Schwätzen bringt nicht Ehr'.

Rede wenig, rede wahr,
zehre wenig, zahle bar.

Reinlichkeit ist das halbe Futter.

Samen säet man, und schütt'
ihn nicht mit Säcken aus.

Schlafenden Hund
soll man nicht wecken.

Schnell gesät
ist besser als zu spät.

Sogar eine Sau grunzt,
wenn sie vorbeigeht.

Spare in der Zeit,
so hast du in der Not.

Suche dir einen andern Hund,
wenn du keine
besseren Knochen hast.

Tanzt die Frau,
so hüpft die Magd.

Verschiebe nichts auf morgen,
was heut' du kannst besorgen.

Vier Dinge nur darf man sehen,
soll es gut mit der Wolle stehen:
Schafe und Himmel,
Barone und Lümmel.

Wäre kein Aber dabei,
so wäre Rattengift Arznei.

Was dich nicht brennt,
das blase nicht.

Was du vor dem Berg
nicht hinter dir hast,
hast du hinter dem Berg
noch vor dir.

Was man am Heu spart,
muß man an der Peitsche zulegen.

Was man voraussieht,
davor kann man sich schützen.

Was nützt das Flicken,
wenn das Loch größer wird?

Was weg ist,
beißt nicht mehr.

Wem bange ist,
den beißt der Teufel.

Wenn das Fest vorbei ist,
fängt das Kopfkratzen an.

Wenn der Trunkene fällt,
muß er dem Wein
keine Vorwürfe machen.

Wenn die alten Hunde bellen,
soll man hinausschauen.

Wenn du schon im Sattel sitzt,
so suche nicht mehr
nach dem Rosse.

Wenn Mann und Frau sich streiten,
so bleibe Du im Weiten.

Wenn's nicht buttern will,
hilft's wenig, wenn man
die Kuh prügelt.

Wer Butter auf dem Kopf hat,
muß nicht in die Sonne gehen.

Wer das Löchlein nicht stopft,
muß ein Loch zumachen.

Wer den Dreschflegel ergreift,
muß die Geige vergessen.

Wer den Eltern nicht folgt,
mußt dem Elend folgen.

Wer den Karren in den Dreck
geschoben hat,
der muß ihn wieder herausziehen.

Wer den Teufel geladen hat,
muß ihn auch fahren.

Wer des Feuers bedarf,
sucht es in der Asche.

Wer dünn säet,
erntet dicht.

Wer ein echter Bauer sein will,
der muß die Säue zweimal hüten.

Wer ein großes Maul hat,
muß auch einen breiten Rücken haben.

Wer einen Aal halten will beim Schwanz,
dem bleibt er weder halb noch ganz.

Wer einen Aal und einen Hasen
zugleich will fangen,
dem bleibt wenig Fleisch
an den Fingern hangen.

Wer einen Hammel will,
muß um einen Ochsen bitten.

Wer einen Hund an eine Wurst bindet,
der behält sie nicht.

Wer einen Weinberg will bauen,
muß einen andern
in der Tasche haben.

Wer flüstert, lügt.

Wer früh säet,
erntet früh.

Wer gar zu viel bedenkt,
wird wenig leisten.

Wer im Schatten sitzen will,
muß Bäume pflanzen.

Wer mit den Wölfen essen will,
muß mit den Wölfen heulen.

Wer mit Katzen ackern will,
der spanne Mäuse vor.

Wer nicht aufschüttet,
kann nicht mahlen.

Wer nicht kochen kann,
der bleibe aus der Küche.

Wer nichts umwirft,
lernt nicht aufladen.

Wer ohne Hund jagt,
kommt ohne Hasen heim.

Wer Pech anfaßt, der besudelt sich.

Wer regiert, muß hören
und nicht hören.

Wer Rosen brechen will,
scheue die Dornen nicht.

Wer schaden kann,
kann oft auch nützen.

Wer sein eigner Herr sein kann,
der diene keinem andern.

Wer seine Kühe anspannt,
mag seine Pferde melken.

Wer sich auf andere verläßt,
der ist verlassen.

Wer sich ein Haar krümmen läßt,
dem krümmt man bald den Rücken.

Wer sich nicht bückt, ackert schlecht.

Wer sich selbst wegwirft,
den heben auch
die anderen nicht auf.

Wer sich zu tief in den Dreck
rein wagt, der bekommt
die Schuhe voll.

Wer sich zum Esel macht,
dem wird aufgepackt.

Wer Stroh drischt,
kein Korn erwischt.

Wer vom Drohen stirbt,
den soll man
mit Fürzen begraben.

Wer wagt, gewinnt.

Wer will Honig lecken,
muß nicht
vor Bienenstichen schrecken.

Wer will Honig schneiden,
muß den Kopf in eine Kappe kleiden.

Wer zu tief säet,
dem erstickt der Keim.

Wer zu weit voraussehen will,
sieht oft falsch.

Wer zuletzt lacht,
lacht am besten.

Wer zwei Wege gehen will,
muß zwei lange Beine haben.

Wetzen hält den Mäher nicht auf.

Wo man Bohnen ernten kann,
da säe man nicht Linsen.

Zeit frißt Eisen.

Zorn und Haß
sind schlechte Ratgeber.

Zu scharf gewetzt
macht schartig.

# Gott und die Welt

Ackern und düngen
ist besser
als beten und singen.

Alle sieben Jahre
ändert sich die halbe Welt.

Alle zwanzig Jahre
erneuert sich die Welt.

Aller Leute Freund,
jedermanns Narr.

Alles hat ein Ende,
nur die Wurst hat zwei.

An der Hunde Hinken,
an der Huren Winken,
an der Weiber Zähren
und der Krämer Schwören
soll sich niemand kehren.

Anderswo ist die Welt
auch nicht mit Brettern vernagelt.

Anderswo sind auch Leute.

Arbeit erhält das Leben.

Auch den besten Hirten
frißt der Wolf ein Schaf.

Auch der Kaiser
kann sich der Flöhe
nicht erwehren.

Auch ein frischer Apfel fault,
wenn er unter faules Obst fällt.

Auf derselben Weide sucht
der Ochse Gras,
der Storch Frösche
und der Jagdhund Hasen.

Auf ein zerrissen Dach
fliegen keine Tauben.

Aus den Augen,
aus dem Sinn.

Aus einem Ackergaul
wird kein Reitpferd.

Barmherzigkeit gegen Wölfe
ist Grausamkeit gegen Schafe.

Blüten sind noch keine Früchte.

Da ist es übel bestellt,
wo man die Hunde
zum Jagen tragen muß.

Dankbarkeit gefällt,
Undank hat die ganze Welt.

Das eine Jahr
lehrt das andere nicht.

Das Gras
hat's gern naß.

Das Korn wird
alle Jahre einmal reif.

Das Maul
bringt den Dieb an den Galgen.

Das Opfer, so der Pfaff' verschmäht,
dem Küster in den Beutel geht.

Das Schaf, so am meisten blökt,
gibt die wenigste Milch.

Dem Dummen
hilft der liebe Gott.

Der Apfel kehrt den Stiel zum Baum,
von dem er gefallen ist.

Das Sieb
hält kein Wasser.

Das Wetter ist veränderlich.

Dasselbe Wasser macht
Hühner weich
und Eier hart.

Der eine pflanzt den Baum,
der andre ißt die Pflaum'.

Der geschenkte saure Apfel gilt für süß.

Der Herr befiehlt's dem Knecht,
der Knecht befiehlt's der Katze
und die Katze ihrem Schwanze.

Der Katzen Spiel
ist der Mäuse Tod.

Der Papst und ein Bauer wissen mehr,
als der Papst allein.

Der Pfaff' liebt seine Herde,
doch die Lämmlein mehr
als die Widder.

Der Pflug erhält die Welt.

Der Pope ist ein Heiliger vor dem Dorfe,
aber nicht vor den Mägden seines
Hauses.

Der Teufel scheißt immer dahin,
wo schon gedüngt ist.

Der Teufel scheißt immer
auf den größten Haufen.

Der Weg des Vogels in der Luft
und des Fisches im Wasser
ist verborgen.

Der Wetzstein hilft auch mähen.

Die Bitte ist heiß, der Dank kalt.

Die gezählten Schafe
werden auch gestohlen.

Die Kette ist immer nur so stark
wie ihr schwächstes Glied.

Die Kirche muß im Dorf bleiben.

Die Kutte macht nicht den Mönch.

Die Schafe dürfen wohl
sich gegenseitig anblöken,
nicht aber den Hirten.

Die Sonne scheint
über Gerechte und Ungerechte.

Die Tage sind Brüder,
aber selten ist einer dem andern gleich.

Die Wahrheit geht nicht
mit der Sonne unter.

Die Ziege, die am meisten meckert,
gibt die wenigste Milch.

Disteln und Dornen stechen sehr,
falsche Zungen noch viel mehr.

Du, Bauer, jäte,
du, Priester, bete,
du, Fürst, vertrete.

Dünger ist kein Heiliger,
aber er tut Wunder.

Ein Apfelbaum
wächst nicht in drei Tagen.

Ein aufrichtiges Donnerwetter
ist besser als ein falsches Vaterunser.

Ein Bauer hat so gut einen
Himmel als ein Edelmann.

Ein Bauer ohne Mist,
ein Advokat ohne List,
ein Kaufmann ohne Geld,
sind arme Leute in der Welt.

Ein Bauer und elf Ochsen sind
dreizehn Stück Rindvieh.

Ein Bauer
zwischen zwei Advokaten
ist ein Fisch
zwischen zwei Katzen.

Ein blindes Huhn
findet auch mal ein Korn.

Ein Gewitterregen wirkt mehr als
tausend Gießkannen.

Ein hoher Baum fängt den Wind.

Eine Lüge
schleppt zehn andere mit sich.

Eine Maus, die sich retten will,
ist nicht wählerisch in den Löchern.

Eine Zwiebel hat viele Häute.

Es begibt sich oft viel,
ehe man den Löffel
zum Maul führt.

Es gibt mehr Spatzen als Lerchen.

Es ist nicht alles Gold,
was glänzt.

Es ist schon dafür gesorgt,
daß die Bäume nicht in den
Himmel wachsen.

Es ist schon oft
ein Schweinehirt Franziskaner
und ein Franziskaner Schweinehirt
geworden.

Es leben viele vom Winde,
die keine Mühle haben.

Es sieht mancher gen Himmel und
weiß nicht, wie's Wetter werden wird.

Faul in der Arbeit
und fleißig im Beten,
ist Orgelspiel ohne Balgentreten.

Fried im Haus, Glück im Stall,
Mist im Feld –
wer damit nicht kann hausen,
paßt nicht in die Welt.

Gänse werden nicht
ihres Gesanges wegen gemästet.

Gelegenheit macht Diebe.

Gießen hilft am besten,
wenn der Regen am Himmel hängt.

Gleiche Bürde
bricht niemand den Rücken.

Gott gibt einem wohl den Ochsen,
aber nicht bei den Hörnern.

Gott hat seine Zeiger
und Kalender
am Himmel geschrieben.

Gott macht das Wetter,
und die Menschen
machen den Kalender.

Große Bäume geben mehr
Schatten als Früchte.

Gut gejätet
ist auch gebetet.

Hat der Bauer Geld,
hat's die ganze Welt.

Hungrige Mücken
beißen scharf.

Ist auch nichts mehr an dem Bein,
der Hund will es haben allein.

Je mehr der Teufel hat,
desto mehr will er haben.

Je mehr man an den Dreck rührt,
je mehr stinkt er.

Je weißer das Roß,
je mehr sieht man
den Schmutz.

Jede Blume muß den Bienen
zu ihrem Honig dienen.

Jede Spinnstube
erzählt andre Geschichten.

Jeder Tag hat seine Farbe.

Jedes Getreide hat sein Stroh.

Jedes Schaf wird an seinen
eigenen Füßen aufgehängt.

Kaufe deines Nachbarn Rind
und freie sein Kind.

Keine Antwort ist auch eine.

Kleine Glocken klingen nach.

Kleine Töpfe kochen leicht über.

Kohl, der langsam wächst,
kommt nicht zur Blüte.

Kommt der Teufel in die Kirche,
so will er auch auf den Altar.

Krumme Wege beschädigen das Recht.

Krummes Holz
gibt auch gerades Feuer.

Lange Bratwürste
und kurze Predigten
haben die Bauern gerne.

Laß die Leute reden,
Gänse können's nicht.

Magere Flöhe
beißen scharf.

Man bleibt ein Leben lang
ein Schüler.

Man braucht viel Heu,
um allen Leuten
das Maul zu stopfen.

Man glaubt an keinen
scheißenden Heiligen.

Man muß es nehmen
wie der Teufel die Bauern.

Man muß Gott helfen
Korn machen.

Man schmücke den Esel,
er behält doch seine Ohren.

Man wird Pfarrer
um des Brotes,
nicht um des Himmels willen.

Mancher Baum blühet schön,
aber es fällt viel ab.

Mancher Baum blühet schön,
und trägt doch keine Frucht.

Mit einem Herrn steht es gut,
der, was befohlen, selber tut.

Müde Ochsen
treten hart.

Mancher bindet die Rute,
mit der er geschlagen wird.

Mancher hat das Herz
auf der Zunge.

Ohne Sonnenschein
wird der Wein nicht fein.

Pack schlägt sich,
Pack verträgt sich.

Pfaffen im Rat
und Säue im Bad
und Hunde in der Küch'
niemals gut tat.

Scharfe Pflüge
machen tiefe Furchen.

Seit die Bauern die zehn Gebote
nimmer halten, hält auch Gott
die Wetterregeln nimmer.

Stiehlt der Knecht,
so zahlt der Bauer.

Stille Wasser sind tief.

Strenge Herren
regieren nicht lange.

Trittst du mein Huhn,
so wirst du mein Hahn.

Unkraut verdirbt nicht.

Unkraut wächst auch unbegossen.

Unter den Bäumen
regnet's zweimal.

Verdrossen,
hält alles für Possen.

Vierzehn Tage blühts,
vierzehn Tage kernts,
vierzehn Tage milchts,
vierzehn Tage reifts.

Was am ersten blüht,
wird am ersten welk.

Was der Herr für Wetter macht,
hat der Kalender nicht bedacht.

Was der Teufel nicht weiß,
das weiß ein altes Weib.

Was drei wissen, das weiß die Welt.

Was einer liebt, das ist sein Gott.

Was Gott nicht gibt am Korn,
das gibt er an Stroh.

Was im Kuhstall geschieht,
weiß der Ratsschreiber nicht.

Was in des Nachbarn Garten fällt,
das ist sein.

Was keine Butter wird,
gibt Quark.

Was kümmert's den Mond,
wenn ihn die Hunde anbellen.

Was nicht blühet, körnert nicht.

Welcher Wagen zuerst zur Brücke
kommt, der fährt zuerst hinüber.

Wen der Teufel treibt, der hat Eile.

Wen die Bienen schrecken,
der wird keinen Honig lecken.

Wenn das Ferkel satt ist,
stößt es den Trog um.

Wenn dem Esel zu wohl ist,
geht er aufs Eis tanzen.

Wenn der Bauer
aufs Roß kommt,
reitet er ärger als der Herr.

Wenn der Gärtner schläft,
pflanzt der Teufel Unkraut.

Wenn der Hund nicht geschissen
hätte, hätte er den Hasen gehabt.

Wenn die Mägde zanken,
kommt die Wahrheit an den Tag.

Wenn ein Bauer Schultheiß wird,
so meint er,
des Reiches Last liege auf ihm.

Wenn ein Blinder den anderen
führt, so fallen sie beidc
in den Graben.

Wenn ein Schaf blökt,
blöken die andern auch.

Wenn die eine Gans kackt,
gähnt der andern 's Löchel.

Wenn einer gafft,
so gaffen auch die andern.

Wenn große Herren raufen,
müssen die Bauern Haare lassen.

Wenn man die Schafe schert,
so zittern die Lämmer.

Wenn man vom Korn spricht,
sieht der Müller nach dem Winde.

Wenn sich der Frosch zum Ochsen
bläst, so muß er platzen.

Wenn sich der Schäfer verirrt,
dann sind die Schafe verloren.

Wer alle Bäume fürchtet,
kommt durch keinen Wald.

Wer bauen will,
muß zwei Pfennige für einen rechnen.

Wer das unterste aus der Kanne
trinkt, dem fällt der Deckel
auf die Nase.

Wer den Teufel fürchtet,
den holt er.

Wer die Geiß anbindet,
der muß sie auch hüten.

Wer die Schmiede wechselt,
muß die alten Eisen bezahlen.

Wer ein Haus hat, hat Sorgen,
wer kein Geld hat, muß borgen.

Wer einen Prozeß führt um eine Kuh,
verliert das Kalb dazu.

Wer Kohl pflanzt,
kann keine Bohnen ernten.

Wer nicht singen kann,
der will immer.

Wer rät trocken oder naß,
der trifft auch wohl mitunter was.

Wer rückwärts geht,
läuft dem Teufel in die Arme.

Wer zu allem taugt, taugt zu nichts.

Wer zuerst kommt, mahlt zuerst.

Wer zum Teufel fahren will,
läßt sich nicht aufhalten.

Wes Brot ich ess',
des Lied ich sing'.

Wie der Wind weht,
so biegen sich die Bäume.

Wie man auf einen Stein schlägt,
so gibt er Funken.

Wird der Bauer ein Edelmann,
so guckt er den Pflug mit Brillen an.

Wo der Hund bellt,
da mag er auch fressen.

Wo keine Blätter sind,
da sind auch keine Früchte.

Wo man im Mist wühlt, stinkt es.

Wo sich der Esel wälzt,
da muß er Haare lassen.

Wo's Brauch ist, trägt man
den Kuhschwanz als Halsband.

Zeit macht Heu aus dem Gras.

Zuerst verlacht,
dann nachgemacht.

Zwei harte Steine mahlen nicht reine.

Zwei Hunde und ein Knochen,
da ist nichts mehr zu kochen.

Zwei Ordensleute in einer Zell',
zwei Narren unter einem Dach
und zwei Töpfer in einem Dorf
vertragen sich nicht.

# Haus und Hof

Ackerwerk hat Mühe.

An einem alten Haus
hat man immerdar zu flicken.

Auf dem Acker ist
kein besserer Mist, als der an des
Herrn Schuhen ist.

Auf einem heißen Ofen
wächst kein Gras.

Aus einem Ei
macht die Henne gerne zwei.

Bauen kann nur der Habich
und nicht der Hättich.

Bauest du ein Haus, so gucket
ein andrer zum Fenster aus.

Besser der erste im Dorfe
als der letzte in der Stadt.

Bienen und Schafe
ernähren den Mann im Schlafe.

Bring' unrecht Gut
mir nicht ins Haus,
es treibt den Segen sonst hinaus.

Bunte Bullen – bunte Kälber.

Das Haus ist mein,
und doch nicht mein;
der nach mir kommt,
ist auch nicht sein;
Und wird's dem dritten übergeben,
so wird's ihm ebenso ergehen;
den vierten trägt man auch hinaus,
nun sagt mir doch,
wes ist das Haus?

Das Pferd sieht immer
nach der Krippe.

Das Pferd will wohl den Hafer,
aber nicht den Sattel.

Das Unkraut zehrt mit dem Bauern
aus einer Schüssel.

Das Wetter kennt man am Wind,
den Vater am Kind,
den Herrn am Gesind.

Dem Düngerwagen
müssen alle Wagen weichen.

Der Acker
ist der dankbarste Schuldner.

Der Acker muß schwächer sein
als der Bauer.

Der Bauer ist so stolz
auf seinem Miste
wie der Junker
auf seinem Schlosse.

Der Bauer scheißt nicht einmal
gern auf fremden Acker.

Der Boden trägt gut,
wenn der Herr selbst das Beste tut.

Der Düngerwagen
erhält die Kutsche.

Der geduldigen Schafe
gehen viel in den Stall.

Der geschickteste Ackersmann
macht mal eine krumme Furche.

Der Hahn ist der Herr
auf seinem Mist.

Der Hirt ist not wegen der Schafe,
aber nicht die Schafe
wegen des Hirten.

Der Landmann muß seinen Pflug
selbst führen,
wenn es gedeihen soll.

Der Sau ist im Kot am wohlsten.

Der Schuh weiß,
wo der Strumpf Löcher hat.

Der Storch hört
sein Klappern gern.

Des die Kuh ist,
der nehme sie beim Schwanz.

Die gute Hausfrau erkennt man
an der Vorratskammer.

Die Hörner machen keinen Ochsen.

Die Kühe melkt man durchs Maul.

Die Pflaume
schmeckt nach dem Baume.

Die Sau ist gern im Drecke,
der Ochse benügt sich mit Stroh.

Die schönste Bauerntracht ist:
selbst gesponnen, selbst gemacht.

Die Wurzel muß den Stamm ernähren,
und Nahrung ihr der Stamm gewähren.

Drei Dinge verderben das Bauernhaus:
böses Weib, Wanz und Maus.

Durch Bauen lernt man bauen.

Eier in der Pfanne, das gibt wohl
Kuchen, aber keine Küken.

Eigen Haus ist Himmel und Hölle.

Eig'ner Herd
ist Goldes wert.

Ein Bauer — ein Schlauer.

Ein Bauer, der nicht ackert,
und eine Henne, die nicht gackert,
bleiben nicht lange auf dem Hofe.

Ein guter Hirt schert die Schafe,
aber schindet sie nicht.

Ein jeder baut nach seinem Sinn,
und nachher wohnt ein andrer drin.

Ein jeder baut sein Nest,
wies ihm dünket aufs best'.

Ein jeder Vogel
liebt sein eigen Nest.

Ein richtiger Ochse
bleibt auf seinem Wege.

Ein sorgfältiger Hauswirt
hat alt Heu, Korn und Holz.

Ein starker Zaun soll um die Wiese
stehen,worin dein Vieh
soll grasen geh'n.

Eine Dohle sitzt gern
bei der andern.

Eine gute Hausfrau mehrt das
Haus, die schlechte trägt's
zur Türe raus.

Eine Hausfrau kann im Haushalt
viel erwerben,
aber auch viel verderben.

Eine Pflanze, oft versetzt,
gedeiht nicht.

Eines weisen Mannes Ernte
dauert das ganze Jahr.

Es findt sich alles in der Ernte,
was und wie einer gesäet hat.

Es haben zwei Ziegen Platz,
wo eine Kuh steht.

Es ist auch wohl aus einer Bauernhütte
ein großer Mann kommen.

Es ist leichter, ein Dorf zu vertun,
als ein Haus zu gewinnen.

Es ist nicht jeder ein Bauer,
der auf dem Lande geboren ist.

Fetter Boden bringt
nicht stets die meiste Frucht.

Fried' im Haus, Glück im Stall,
Mist im Feld –
Wer damit nicht kann hausen,
paßt nicht in die Welt.

Gebrauchter Pflug blinkt,
stehend Wasser stinkt.

Geht der Herr voraus,
so ist Leben in Feld und Haus.

Geschminkte Frauen und geschäfelter
Himmel
sind nicht von langer Dauer.

Gut geharkt
ist halb gewässert.

Halber Mist genügt,
wenn man im Sommer pflügt.

Hast du ein Haus,
so denke nicht drauß'.

Hofhunde werden gefüttert,
daß sie bellen.

Ich bau ein Haus für mich,
gefällt's dir nicht,
bau eins für dich.

In jedem Bauernhaus findet man
ein Nudelbrett und eine Ausrede.

In seinem eigenen Hause
ist jeder König.

Ist das Bächlein noch so klein,
leit es in die Wiese 'nein.

Ist die Katze aus dem Haus,
so tanzen die Mäuse.

Je fetter das Gras,
je besser die Milch.

Je mehr Hirten, je weniger gehütet.

Je mehr man aus einem Brunnen
schöpfet, je reichlicher er quillet.

Je mehr man den Boden pflügt,
desto fruchtbarer wird er.

Jede Bäuerin lobt ihre Kuh.

Jede Henne scharrt für sich.

Jede Sau
nennt ihre Ferkel schön.

Jeder krautet in seinem
eigenen Garten.

Jedes Ding an seinem Ort,
spart viel Zeit, Verdruß und Wort.

Jenseits des Baches
wohnen auch Leute.

Knochen, Bein und Haar
düngen hundert Jahr.

Kuhdünger ist ein Ringer,
Ochsendünger ist ein Bringer,
Pferdedünger ist ein Zwinger.

Lust und Liebe zum Ding,
machen Müh' und Arbeit gering.

Man achtet nicht,
was die Sau auch schreibt.

Man kann die Birke schütteln
wie man will, es fallen
keine Nüsse herab.

Man mag den Ochsen zum Wasser
treiben, kann ihn aber nicht
zum Trinken zwingen.

Man muß aus der eigenen Scheune
so zehren, daß das erste Korn
das letzte trifft.

Man muß so bauen,
daß man sich nicht aus dem Haus
hinausbaut.

Man weiß nicht,
was man an der Heimat hat,
bis man hinaus in die Ferne kommt.

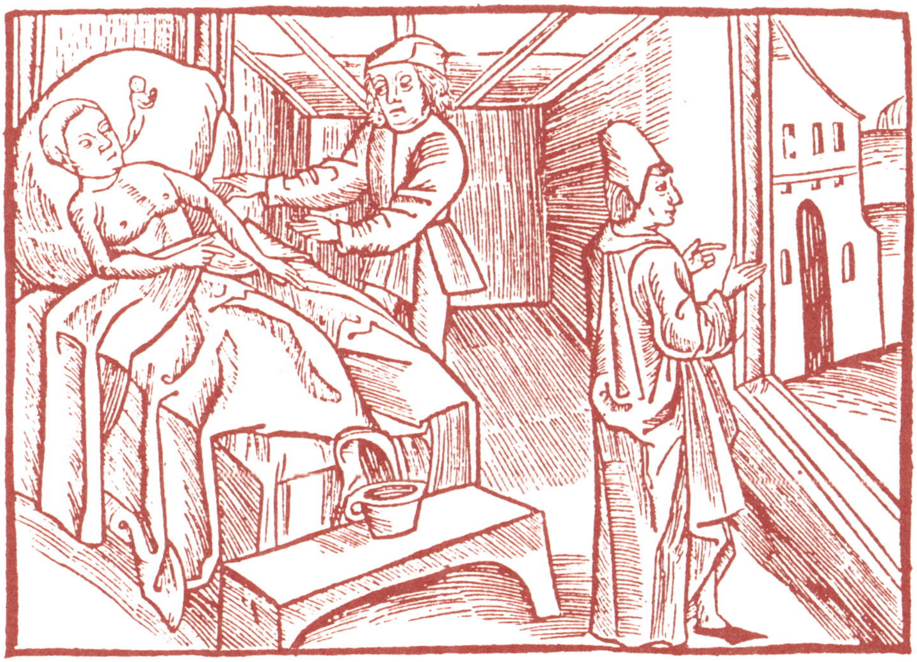

Man muß den Brunnen so tief
graben, bis er Wasser gibt.

Man muß nicht zu viele Eier
unter eine Henne legen.

Mancher baut ein Haus
und muß zuerst hinaus.

Mancher hat um einen wüsten Garten
einen schönen Zaun.

Manches Haus zeigt,
wie man kein Geld an ihm gespart,
sondern nur Verstand.

Maurerschweiß steht hoch im Preis.

Meine Familie schläft, sagte der Bauer,
als er in den Schweinestall sah.

Mit ander Leut's Sach' ist gut leben.

Narren bauen, kluge Leute kaufen.

Nicht auf seine Leut' aufpassen,
heißt, den Geldsack offen lassen.

Ordnung machen ist nicht schwer,
Ordnung halten aber sehr.

Säue fressen die Eicheln
und sehen nimmer
nach dem Baum,
da sie herunterfallen.

Schmutzige Hand segnet das Land.

Selbst ist der Mann!
So spricht, wer was kann.

Soll fegen der Besen recht blank
und rein, dann darf er ja selber
nicht schmutziger sein.

Soll sich lohnen deine Müh',
halt' junge Hennen, alte Küh'.

Um Arbeit und Mühe
gibt Gott Haus, Hof und Mühle.

Unordnung ist eine Uhr ohne Zeiger.

Unrecht Gut kommt
nicht an dritte Erben.

Vier Tiere machen einen Bauer.

Was gut geht, tut der Bauer selbst.

Was man in die Pfütze wirft,
schnattert die Ente wieder heraus.

Was stinkt, das düngt.

Wenn der Bauer zecht,
nimmt sich Zeit der Knecht,
guckt die Magd zum Fenster raus,
spielt die Katze mit der Maus.

Wenn der Boden zu fest ist,
erstickt die Frucht.

Wenn der Hund wacht,
kann der Herr schlafen.

Wenn der Wein alle sieben Jahre
einmal gerät, kann er seinen Herrn
noch schadlos halten.

Wenn die Frau die Kühe füttert,
so geben selbst die Hörner Milch.

Wenn die Gans das Wasser sieht,
so zappelt ihr der Steiß.

Wenn die Hausfrau in Küche,
Stall und Keller
und der Herr in Scheune und Feld,
so ist die Wirtschaft wohl bestellt.

Wenn die Sau eine Pfütze hat,
dann sucht sie keine Quelle.

Wenn die Sau gebadet ist,
legt sie sich wieder in den Dreck.

Wenn ein Ochse sprechen will,
so brüllt er.

Wenn's Pferd gestohlen ist,
schließt man den Stall zu.

Wer am Wege baut, hat viele Meister.

Wer andere plagt, hat selbst keine Ruhe.

Wer auf den Wind achtet,
der säet nicht,
wer auf die Wolken sieht,
erntet nicht.

Wer bei der Schmiede wohnt,
gewöhnt sich ans Hämmern.

Wer den Acker pflegt,
den pflegt der Acker.

Wer die Bienen pflegt,
dem schwärmen sie zweimal.

Wer die Trauben nicht preßt,
bekommt keinen Wein.

Wer die Zeit der Saat
verschläft, braucht in der Ernte
nicht zu schwitzen.

Wer Eier will,
darf die Hühner nicht braten.

Wer ein Haus baut, bezahlt es;
wer ein Haus kauft, findet es.

Wer ein Haus hat, hat Sorgen;
wer kein Geld hat, muß borgen.

Wer fremden Hund anbindet,
gewinnt nichts als den Strick.

Wer in sein eigenes Nest scheißt,
der liegt im Dreck.

Wer kein eigenes Haus hat,
ist überall daheim.

Wer langsam fährt,
kommt auch in die Stadt.

Wer pflegt sein Vieh,
den verläßt es nie.

Wer sein Ackerwerk nicht verläßt,
den wird es auch nicht verlassen.

Wer sein Feld in gutem Stand will
seh'n, muß täglich selber darauf geh'n.

Wer sein Geld will fliegen sehen,
der kaufe Tauben und Bienen.

Wer seinen Garten verkauft,
kann nicht mehr darin krauten.

Wer sich Störche hält,
muß auch für Frösche sorgen.

Wer will bauen an der Straßen,
muß die Leute reden lassen.

Wetterkunde ist des Landsmanns
erste Weisheit.

Wie der Acker, so die Ruben,
wie der Vater, so die Buben.

Wie der Gärtner, so der Garten.

Wie die Saat, so die Ernte.

Wie die Sau grunzt,
so grunzt auch das Ferkel.

Wie die Wirtin, so die Kuh.

Wie einer den Zaun hält,
so hält er auch das Gut.

Willst du beim Bau nicht weinen,
bau nur mit eignen Steinen.

Willst Glück du haben mit dem Vieh,
so fütt're pünktlich,
plage nie.

Wir bauen Häuser groß und fest,
darin wir sein nur fremde Gäst;
und da wir sollen ewig sein,
da bauen wir nur wenig ein.

Wirf die Katze, wie du willst –
sie fällt immer auf die Füße.

Wo Bienen sind,
da ist auch Honig.

Wo das Pferd liegt,
da läßt es auch Haare.

Wo der Ochs' König ist,
da sind die Kälber Prinzen.

Wo die Schafe sind,
da muß auch jemand sein,
der sie schert.

Wo die Ziege angebunden ist,
da muß sie grasen.

Wo Gänse sind, da ist Geschnatter.

Wo Gott nicht gibt zum Haus
sein' Gunst, da ist
all unser Bau'n umsunst.

Wo kein Hahn ist,
da kräht die älteste Henne.

Wo Linden blühen,
die Bienen Honig ziehen.

Wohin man den Ochsen wendet,
dahin zieht er den Pflug.

Zwei Böcke vertragen sich nicht
in einem Stall.

# Reichtum und Armut

An einem nackten Schafe
ist nichts abzuscheren.

An kleinen Brunnen
löscht man auch den Durst.

Arme Leute
kochen ihren Kohl in Wasser.

Arme Leute schlafen vor Hunger.

Arme Leute
verwechseln die Schüsseln nicht.

Armer Leute Korn steht dünn.

Auch mit einer kleinen Axt
kann man große Späne hauen.

Auf eigenem Sattel
reitet man am besten.

Bauern machen Kaufleute,
Kaufherrn machen Junkern,
Junkern machen Bettler.

Besser ein Habich als zehn Hättich.

Besser ein kleiner Fisch auf dem Tisch
als ein großer im Wasser.

Besser ein reicher Bauer
als ein armer Edelmann.

Besser ein Stück Brot in der
Tasche als ein Sträußchen
auf dem Hute.

Besser Haferbrot als Hungersnot.

Besser im Leben eine Brotrinde,
als nach dem Tode ein Denkmal.

Besser Kleingeld
als kein Geld.

Besser ohne Abendbrot
zu Bette geh'n,
als mit Schulden aufsteh'n.

Bettelleut'
schlafen am ruhigsten.

Borgen macht Sorgen,
drum soll man
nicht mehr verzehren,
als der Pflug kann ernähren.

Brechen, pflügen und stark misten
füllt dem Bauern seine Kisten.

Bürger und Bauer
scheidet nichts denn die Mauer.

Därme sind noch keine Würste.

Das Geld hat Beine.

Das Schaf kann nur die Wolle geben,
die es hat.

Dein Holz zu Spänen hack,
dein Mehl zu Kuchen back,
dein Schwein zu Würsten hack,
dann greif zum Bettelsack.

Dem, der Bienen hat,
muß man nicht Honig schenken.

Der Acker
ist der dankbarste Schuldner.

Der Armen Braten und der Reichen
Krankheit
riecht man weit.

Der Bauer hört gern,
daß die Butter viel gilt.

Der Bauer springt hurtiger
im gewirkten Kittel
als ein Herr im seidenen Rock.

Der ersparte Pfennig
ist zweimal verdient.

Der Esser liebt die Esser nicht.

Der Geizige muß Hunger leiden,
weil der Teufel den Schlüssel
zum Geldsack hat.

Der Pflug ist mehr als Geld.

Der Reiche stiehlt,
und der Arme wird gehängt.

Der Reiche wird nicht ärmer,
wenn man aufs Geld schimpft.

Der seine Herde zählt, ist arm.

Der Verschwender
breitet das Geld aus wie Mist,
der Geizige
sammelt den Mist wie Geld.

Die Bienen sammeln
den Honig nicht für sich.

Die dümmsten Bauern
haben die dicksten Kartoffeln.

Die nur ein Schaf haben,
reden am meisten vom Wollmarkt.

Die Zinsen zehren mit dem
Bauern aus einer Schüssel.

Ein armer Teufel
muß das Holz selber
zur Hölle tragen.

Ein Bauer ist ein Bauer,
gibt er was,
so sieht er sauer.

Ein Bauer zehrt mit einem Kreuzer
so weit wie ein Herr mit einem Dukaten.

Ein Bettelsack ist bodenlos.

Ein leerer Sack
steht nicht aufrecht.

Ein leerer Wagen
muß dem vollen ausweichen.

Ein reicher Bauer
kennt seine Verwandten nicht.

Ein Sperling in der Hand
ist besser als eine Taube
auf dem Dach.

Ein Steckenpferd frißt mehr
als zehn Ackergäule.

Eine Ähre, die aufrecht steht,
ist leer.

Eine Kuh ist ein lebendiges Butterfaß.

Es ist auch wohl aus einer Bauernhütte
ein großer Mann gekommen.

Es ist besser, den Acker bauen,
denn unersättliche Lieb'
zu Gold und Silber haben.

Es ist bös' zu Markt geh'n
ohne Geld.

Es ist ein guter Pfennig,
der seinen Gulden erspart.

Es ist kein Amt so klein,
es trägt was in die Küchen ein.

Es ist kein Gold so rot,
man gibt es weg für Brot.

Fettes Leben
macht mageres Testament.

Fröhliche Armut
ist Reichtum ohne Gut.

Geliehenes Geld
soll man lachend zahlen.

Gesundheit und ein froher Mut,
das ist des Menschen höchstes Gut.

Goldmanns Tochter
findet jeder schön.

Guter Boden macht den Bauer reich,
aber nicht sogleich.

Habdank füllt den Beutel nicht.

Hat der Bauer Geld,
hat's die ganze Welt.

Hungrige Leute sehen nicht auf,
sondern in die Schüssel.

Immer fröhlich ist selten reich.

In der Not frißt der Teufel Fliegen.

Ist die Henne mein,
so gehören mir auch die Eier.

Je mehr man den Boden pflügt,
desto fruchtbarer wird er.

Jeder Zeit zu tun ihr Recht
macht manchen armen Knecht.

Karge Säer, arme Schnitter.

Kein Brot schmeckt besser,
als das man mit den Armen teilt.

Keiner kann mehr geben, als er hat.

Kleine Fische
machen große Hechte.

Kleine Küche, großer Speicher
macht die kleinen Bauern reicher.

Kleinvieh macht auch Mist.

Lernst du wohl,
wirst du gebratener Hühner voll,
lernst du übel,
frißt du mit den Säuen
aus dem Kübel.

Lieber die alten Kleider flicken
als neue borgen.

Man muß die Schafe nicht bloß zählen,
man muß sie auch hüten.

Mancher Dickwanst
wäre als Ochse viel wert.

Mancher kommt erst zum Brot,
wenn er keine Zähne mehr hat.

Mit dem Reichtum
wächst der Geiz.

Mit Säckevoll soll man einnehmen,
mit Handvoll ausgeben,
denn das Jahr hat ein großes Maul.

Not lehrt alte Weiber springen.

Not macht aus Steinen Brot.

Not sucht mancherlei Brot.

Prahler sind schlechte Bezahler.

Reich ist, wer genug hat.

Reicher Leute Kinder
und armer Leute Rinder
werden am besten gepflegt.

Samt und Seide löschen
das Feuer in der Küche aus.

Schafe, Bienen und Teich
machen bald arm, bald reich.

Sonnenscheu und ofenwarm
macht den reichsten Bauern arm.

Viel Kühe, viel Futter,
viel Milch, viel Butter.

Vom Almosengeben
wird man nicht arm.

Was der Bauer zertritt,
wächst doppelt wieder.

Was erspart der Mund,
kriegt zuletzt der Hund.

Was man nicht am Heu hat,
das hat man am Stroh.

Wasch und bügle ein Schwein,
es bringt dir's hundertfach ein.

Weinberge und Teich
machen selten reich.

Was man den Armen gibt,
wächst in der Furche wieder.

Was man erspart,
hat man gewonnen.

Was man mit Bitten erhält,
bezahlt man am teuersten.

Wem Gott reichlich gibt, der soll nicht
täglich St. Martinsabend halten.

Wenn das Feld arm ist,
so sind die Bienen reich.

Wenn der Bauer aufs Pferd kommt,
reitet er schärfer als der Edelmann.

Wenn der Bauer ein Edelmann werden will, wird er ein Bettler.

Wenn der Sack kommt,
wirft man den Beutel in die Ecke.

Wenn die Bauern reich sind, können die Herren nicht verarmen.

Wenn ein alter Bauer stirbt,
so lacht das Geld
und weint das Feld.

Wenn ein Bauer verhungert,
so sollen ihn Esel zu Grabe läuten.

Wenn ein Reicher stirbt
und ein Armer schlachtet,
gibt es viel zu erzählen.

Wenn verloren sind die Batzen,
hilft dir auch kein Ohrenkratzen.

Wer ausgibt und nicht Rechnung führt,
der wird bald arm,
ohn' daß er's spürt.

Wer barfuß geht,
den drückt kein Schuh.

Wer bauen will,
muß zwei Pfennige auf einen rechnen.

Wer Bienen hat und Schafe,
dem kommt's Geld im Schlafe.

Wer Bratspieße sucht,
muß in keines Armen Küche geh'n.

Wer Brot im Korb hat,
weiß nicht, wie dem ist,
der keins darin hat.

Wer Brot, Wasser, Kleider und ein Haus hat, der ist reich genug.

Wer den Garten nicht verwahrt,
pflanzt umsonst.

Wer den Schäfern den Lohn
schmälert, der kürzt
den Schafen die Wolle.

Wer die Augen nicht auftut,
der tut den Beutel auf.

Wer dünn säet, erntet dicht.

Wer für sein Vieh sorgt,
der sorgt für seinen Geldbeutel.

Wer Gewinn haben will,
muß Kosten nicht scheuen.

Wer gut futtert, der gut buttert.

Wer in einem Jahr reich werden will,
kommt in sechs Monaten
an den Galgen.

Wer schnell arm werden will,
der prozessiere und baue viel.

Wer sein Brot sauer verdient,
dem schmeckt es desto besser.

Wer seinen Pelz im Leihhaus hat,
bekommt gar leicht den Winter satt.

Wer täglich sieht nach seinem Feld,
der findet täglich ein Stück Geld.

Wer viel kauft, was er nicht braucht,
muß bald verkaufen, was er braucht.

Wer wenig hat,
muß die Schüssel auslecken.

Wo sich der Mist mehrt,
da mehrt sich auch das Geld.

Wo was ist, da ist der Teufel;
wo nichts ist, da ist er zweimal.

Zwei Strohsäcke sind auch ein Bett.

# Freund und Feind

All zu nah
mindert die Freundschaft.

Alte Feindschaft ist bald erneuert.

Alte Freunde und alter Wein
sind am besten.

Alten Weg und alten Freund
soll man nicht vergessen.

An fremden Kindern und Hunden
ist das Brot verloren.

Auf Rach' folgt Ach.

Aus böser Leinwand
kann kein guter Sack werden.

Bauern schlagen einander tot,
Edelleute machen einander Kinder.

Bei Hunden und Katzen
ist Beißen und Kratzen.

Bei vollen Flaschen
fehlt's an Freunden nicht.

Beim Gelde
hört die Freundschaft auf.

Berg und Tal kommen nicht
zusammen, aber die Leut'.

Besser schlichten
als richten.

Böse Worte verwunden mehr
als ein scharfes Schwert.

Das Gerücht wächst,
während es läuft.

Den Bock erkennt man
an den Hörnern.

Der Dank der Dohle
ist Dreck.

Der Freunde Fehler soll man kennen,
aber nicht nennen.

Der Habichte gibt es gar viele,
die wie Tauben aussehen.

Der Hirt muß wachen,
wenn auch die Herde schläft.

Der Schafe Zahl
macht den Wolf nicht verlegen.

Der Wolf ist vor Wölfen sicher.

Die Feindschaft des Weisen ist besser
als die Freundschaft des Toren.

Die Freundschaft, die der Wein
gebracht,
die hält wie Wein nur eine Nacht.

Die nächsten Freunde,
die ärgsten Feinde.

Die Sau wird gekrault, bis sie liegt,
dann gibt man ihr den Stich.

Du suchst im Busch, in dem du hockst,
gern auch einen andern Ochs.

Ein alter Freund
ist besser als zwei neue.

Ein bleierner Frieden ist besser,
als ein goldener Streit.

Ein braver Stier im Zorn
nimmt dich schnell aufs Korn.

Ein echter Freund ist Goldes wert.

Ein magerer Vergleich ist besser,
als ein fetter Prozeß.

Ein Schaf, das geht allein,
wird bald des Wolfes Beute sein.

Ein verschmähter Freund,
ein hungriger Hund
geh'n traurig schlafen
zu mancher Stund.

Eine Krähe hackt der andern
die Augen nicht aus.

Einem fliehenden Feind
bau eine goldene Brücke.

Es gehören viele Mäuse dazu,
wenn sie eine Katze
totbeißen wollen.

Es ist bald ein Feuer angeblasen,
aber nicht so bald gelöscht.

Es ist ein Esel,
der mit einem Esel streitet.

Es ist keine Zeit,
die Hunde zu füttern,
wenn der Wolf Hunger hat.

Es ist nichts böse gesagt,
wenn man's nicht böse nimmt.

Es ist schlimmer,
ein böses Weib zu reizen
als einen bissigen Hund.

Es lacht mancher,
der beißen will.

Es schlafen nicht alle,
die die Augen zu haben.

Es sind nicht alles Freunde,
die einen anlachen.

Es soll ein jeder in sein
eigenes Häfele schauen.

Es wird nicht so heiß gegessen,
wie gekocht wird.

Feindes Mund
spricht selten Gutes.

Fremde Leute tun oft mehr
als Blutsfreunde.

Freunde in der Not
geh'n zwanzig auf ein Lot.

Freunde muß man
sich erwerben.

Freundschaft
geht über Verwandtschaft.

Friede ernährt,
Unfriede verzehrt.

Gegen ein Fuder Mist
kann man nicht anstinken.

Geschlagener Feind
ist nicht überwunden.

Gott behüte mich
vor meinen Freunden,
vor meinen Feinden will ich mich
schon selber schützen.

Große Feuer
bläst der Wind nicht aus.

Hinterm Busche gibt's auch Ohren.

Hunde bellen nicht,
wenn Hausfreunde kommen.

Hunde, die bellen, beißen nicht.

Hunde, die bellen,
bringt man mit einem guten Bissen
zum Schweigen.

Hüte die Schafe,
auch wenn du
den Wolf nicht siehst.

In eines andern Buttertopf
greift sich's
wie in einen Kuhdreck.

In Not und Gefahr
sind Freunde rar.

Jeder Ochse
wehrt sich seiner Haut.

Kommt der Zorn, geht der Verstand.

Kurze Besuche
verlängern die Freundschaft.

Leihe deinem Freunde
und mahne deinem Feinde.

Leihen bringt Reuen.

Liebe deinen Nachbar,
reiß aber den Zaun nicht ein.

Man muß dem Feind das Messer
nicht in die Hand geben.

Man soll sich nicht über die Hunde
lustig machen,
bevor man nicht aus dem Dorfe
gekommen ist.

Man soll weder dem Feinde
noch dem Freunde
den Rücken kehren.

Nur die allergrößten Kälber
wählen ihren Metzger selber.

Oft fängt ein kleiner Hund
ein wildes Schwein,
oft kann ein kleiner Feind
dem Großen schädlich sein.

Säue riechen bald, was stinkt.

Schafe aus einem Stall
kennen sich.

Schafe zu stechen
braucht die Biene lange Stachel.

Stumme Hunde und stille Wasser
sind gefährlich.

Vergleichen und ertragen
ist besser als Zanken und Klagen.

Viel Rauch, wenig Feuer.

Viele Hunde sind des Hasen Tod.

Von dritter Zunge
fliegt alles ins Dorf.

Vorher Bescheid
gibt nachher keinen Streit.

Was Hörner hat, will stoßen.

Was keine Henne ist,
muß sich nicht treten lassen.

Wenn der Bauer den Advokaten
besucht, so besucht der Advokat
des Bauern Vorratskammer.

Wenn der eine nicht will,
können zwei nicht streiten.

Wenn der Feind im Haus ist,
muß man ihn nicht draußen suchen.

Wenn der Gärtner schläft,
pflanzt der Teufel Unkraut.

Wenn des Nachbarn Haus brennt,
gilt's auch dem deinen.

Wenn dich dein Feind
rechts schickt, so gehe links.

Wenn die Not am Tisch sitzt,
braucht man für die Freunde
nicht zu decken.

Wenn du im Herzen Frieden hast,
wird dir eine Hütte zum Palast.

Wenn man die Schafe schert,
so zittern die Lämmer.

Wenn man nicht beißen kann,
muß man nicht bellen.

Wenn Pastor und Küster
sich liegen im Haar,
so werden die Geheimnisse
offenbar.

Wer andern eine Grube gräbt,
fällt selbst hinein.

Wer auf dem Markte singt,
dem bellt jeder Hund ins Lied.

Wer austeilt,
muß auch einstecken.

Wer dem Feuer zusieht, den frißt es.

Wer den Bauch voll hat, meint,
daß auch die Nachbarn satt sind.

Wer Disteln sät, wird Stacheln ernten.

Wer Dreck schickt,
kriegt Dreck wieder.

Wer drei Feinde hat,
muß sich mit zweien vertragen.

Wer dreschen will,
findet leicht einen Flegel.

Wer einem zu Leibe will,
findet leicht eine Ursache.

Wer einen Wolf zum Freund hat,
braucht einen Hund zum Wächter.

Wer flieht, den jagt man.

Wer in alles sich tut mischen,
muß sich oft die Augen wischen.

Wer in das Feuer bläst,
dem fliegen leicht Funken in die Augen.

Wer in einen Ameisenhaufen spuckt,
dem schwellen die Lippen.

Wer mit Dreck ficht,
bleibt von ihm nicht unbeschissen.

Wer mit Ochsen spricht,
dem geben Ochsen Antwort.

Wer nicht leiht, der verliert die Freunde,
und wer leiht, macht sich Feinde.

Wer keinen Feind hat,
der hat auch
keinen Freund.

Wer mit dem Teufe
essen will, muß einen
langen Löffel haben.

Wer sich bückt,
reizt zum Schlag.

Wer sich fürchtet, droht gern.

Wer sich nicht wehrt,
der wird nicht geehrt.

Wer sich selber lobt,
hat böse Nachbarn.

Wer sich zum Schaf macht,
den fressen die Wölfe.

Willst den Nachbarn glücklich seh'n,
darfst nicht in der Sonn' ihm steh'n.

Willst du gelobt sein, so stirb.

Wo ein Aas ist,
da sammeln sich die Geier.

Wo Habichte wohnen,
schlagen keine Nachtigallen.

Zerbrochene Töpfe
werden nicht mehr ganz.

Zorn beginnt mit Torheit
und endet mit Reue.

Zwei Katzen und eine Maus,
zwei Weiber in einem Haus,
zwei Hunde an einem Bein
kommen selten überein.

# Liebesfreud und Liebesleid

Adams Apfelmus
macht uns allen viel Verdruß.

Alte Böcke lecken
auch noch gern Salz.

Alte Häuser und junge Mädchen
brennen leicht.

Alte Mäuse fressen
auch gern frischen Speck.

Alte Sünde
bringt neue Schande.

Am guten Frei'n
liegt des Mannes Gedeih'n.

Anderes Dorf –
andere Schönheiten.

Auf heiterem Himmel
und lachende Frauen
ist nicht zu bauen.

Aus einem schönen Gesicht
kann man keine Butter schlagen.

Bauern heiraten nach Land,
Edelleute nach Stand,
Hofleute nach Welt,
Kaufleute nach Geld.

Beim Roßhandel
und beim Heiraten
muß man die Augen aufmachen.

Das Bocken geht leicht,
das Lammen schwer.

Das Pferd leitet man
an einer Leine,
den Mann
an einem Frauenhaar.

Der Alten tut er schön,
und die Junge meint er.

Der Ehestand ist ein Hühnerhaus,
der eine will hinein,
der andere heraus.

Der Finger einer Frau
zieht stärker als ein Paar Ochsen.

Der Liebe ist kein Weg zu weit.

Der Mann macht die Frau
und die Frau den Mann.

Die erste Liebe ist die beste.

Die Frau kann mit der Schürze
mehr hinaustragen,
als der Mann mit dem Erntewagen
hineinfährt.

Die Karte und die Kanne
machen zum armen Manne.

Die Liebe läßt sich nicht verbergen.

Die Liebe und das Singen
lassen sich nicht zwingen.

Ein Ach wohnt unter jedem Dach.

Ein Alter, so ein
jung Weib heiratet,
lädt den Tod zu Gast.

Ein Bauer bekommt leichter
eine Frau als eine Kuh.

Ein Strohkopf
fängt gern Feuer.

Eine Hochzeit
macht die andere.

Eine Lieb' ist die andre wert.

Eine schöne Blume
steht nicht lange am Wege.

Eine schöne Frau
hat immer Recht.

Eine schöne Frau
will jeder küssen.

Einen Sack voll Flöhe
hütet man leichter
als ein junges Mädchen.

Es gibt keinen schönen Kerker
und keine häßliche Geliebte.

Es hat nur drei keusche Nonnen
gegeben:
die eine ist aus der Welt gelaufen,
die andere ist im Bad ersoffen,
und die dritte sucht man noch.

Es ist kein Liebesfeuer so heiß,
die Ehe kühlt es.

Es ist keine Sau so schmutzig,
sie findet einen Eber,
der sie küßt.

Gefällt der Henne der Hahn,
so gefällt ihr auch
der Hühnerhof.

Gegen die Liebe
ist kein Kraut gewachsen.

Gezwungene Eh'
bringt Jammer und Weh.

Glück im Spiel
und Unglück in der Liebe.

Heiraten ins Blut,
tut selten gut.

Hüte dich vor dem Hinterteil des Pferdes
und dem Vorderteil der Frau.

Im Dorf mit stolzem Stock,
zu Hause unterm Rock.

In der Ehe mag kein Friede sein,
regiert darin das Dein und Mein.

In Nöten geht die Liebe flöten.

Ist eine liebe Frau im Haus,
dann lacht das Glück zum Fenster hinaus.

Junger Klee lockt junges Volk.

Jungfernfleisch ist kein Lagerobst.

Leibgedinge ist der Frauen Lohn.

Liebe geht durch Zaun und Hecke.

Liebes geht über Schönes.

Liebschaft
geht über Freundschaft.

Mäßiges Feuer kocht am besten.

Mit Äuglein und Wangen
werden Burschen gefangen.

Pferde und Frauen
muß man genau beschauen.

Schöne Tage lobt man abends,
schöne Frauen morgens.

Unter dem Gürtel
ist kein Verstand.

Verbotene Äpfel sind süß.

Vom Schönsein
kann man nicht leben.

Was das Auge nicht sieht,
das quält das Herze nicht.

Wein, Weiber und Würfelspiel
verderben manchen.

Wem Gott ein Weib gibt,
dem gibt er auch Geduld.

Wenn alte Scheunen brennen,
hilft kein Löschen.

Wenn Beischlafen
bräch' ein Bein,
würde manche Jungfer
hinkend sein.

Wenn man den Bräutigam
zur Braut treiben muß,
ist die Liebe nicht groß.

Wer die Geiß im Hause hat,
dem kommt der Bock vor die Tür.

Wer ein böses Weib hat,
braucht keinen Teufel.

Wer einen Aal nimmt
beim Schwanz
und eine Frau beim Wort,
der bringt wenig fort.

Wer fleißig schafft
in Feld und Haus,
kommt fahrlos mit der Venus aus.

Wer freit Nachbars Kind,
der weiß, was er find'.

Wer heuer nicht freit,
hat noch ein Jahr Zeit.

Wer Liebe ernten will,
der muß auch Liebe säen.

Wer Liebe stiehlt, ist kein Dieb.

Wer nur nach den Batzen freit,
ist nicht gescheit.

Wer will um die Tochter bitten,
sehe auf der Mutter Sitten.

Wo Keuschheit
ein Vorwurf ist,
ist Ehebruch
keine Schande.

Wo Liebe anklopft,
macht Liebe auf.

Zum Heiraten
müssen immer zwei sein.

Zur Heirat gehört mehr
als vier nackte Beine ins Bett.

Zwist unter Liebesleuten
hat nicht viel zu bedeuten.

# Glück und Unglück

Das Beste holt der Teufel zuerst.

Das Geld und der Reichtum
machen das Glück nicht aus.

Das Glück geht oft über Nacht aus.

Das Glück hat Flügel.

Das Glück
kann man nicht suchen.

Das Glück kommt über Nacht.

Das Glück, so uns der Morgen bracht,
dauert selten bis zur Nacht.

Das Glückskind hat immer guten Wind.

Dem Unglück
sind keine Mauern zu hoch.

Der Mensch geht mit Löffeln,
das Glück mit Scheffeln.

Der Teufel scheißt nirgends
lieber hin, als wo schon gedüngt ist.

Des einen Freud', des andern Leid.

Die Blätter warten
nicht alle auf den Herbst.

Drei Dinge
ändern sich geschwind:
Weib, Glück und Wind.

Es frieren mehr,
als mit den Zähnen klappern.

Es kommt geschwind ein Leid
und nimmt beim Geh'n sich Zeit.

Fremdes Leid ist bald vergessen.

Geschick hat Glück.

Glück erwirbt Freunde,
Unglück bewährt sie.

Glück im Herzen und im Haus
macht reicher als der beste Schmaus.

Glück und Unglück
sind nahe beieinander.

Glückhaftem Menschen
kalbert der Ochs'.

Glücklich ist, wer zufrieden ist.

Glück und Haar wächst alle Jahr.

Großes Glück, große Sorge.

Holt der Teufel das Pferd,
holt er den Zaum dazu.

Im Käfig lernt der Vogel singen.

Jedes ist seines Glückes Schmied.

Lachen und Weinen
sind in einem Sack.

Man darf nicht schlafen,
wenn das Glück vor der Tür steht.

Man kann auch einem Ochsen
die Haut nur einmal abziehen.

Man kann dem Glück
nicht aus dem Weg gehen.

Mancher schnappt nach dem Glück
wie der Hund nach dem Fleisch.

Nicht jede Biene sticht,
die uns um die Ohren summt.

Sand ist Mist,
wenn er an der rechten Stelle ist.

Soll's dem Bauern glücken,
muß den Pflug er selber drücken.

Sorge und Klage wächst alle Tage.

Was dem Wolf in die Kehle
kommt, kommt kaum wieder heraus.

Was helfen die Gäule,
wenn der Hafer fehlt.

Wegen eines einzigen unfruchtbaren
Jahres
muß man das Säen nicht einstellen.

Wem's glückt, dem legt ein Hahn Eier.

Wem das Glück wohlwill,
dem kalbt ein Ochse.

Wem das Glück zu wohl will,
den macht es zum Narren.

Wem die Schafe gut stehn
und die Weiber gut gehn
und die Bienen gut schwärmen,
der darf sich nicht härmen.

Wem die Sonne scheint
der fragt nicht nach den Sternen.

Wenn man den Wolf nennt,
kommt er gerennt.

Wer den Karren
in den Dreck geschoben hat,
muß ihn wieder herausziehen.

Wer Grillen jagt, wird Grillen fangen.

Wer keine Sorgen hat,
macht sich welche.

Wer Pech hat,
der bricht den Finger im Arsch ab.

Wer sich ertränken will,
findet überall Wasser.

Wo das Glück einkehrt
da klopft auch der Neid an.

Zum Unglück kommt man
immer früh genug.

Zuviel Glück ist Unglück.

Zwischen Glas und Lippe
gibt's manche Klippe.

# Gesundheit und Krankheit

Alles will lange leben
und doch nicht alt werden.

Am Kranksein hat man bald genug.

Ärger macht satt.

Das Alter ist eine Krankheit,
an der man sterben muß.

Dem Kranken schmeckt alles bitter.

Den Gesunden fehlt viel,
dem Kranken nur eins.

Der eine lacht einen guten Käse an,
der andere fällt davon in Ohnmacht.

Der hungrige Leib zu Tische,
der müde zu Bette.

Der Schlaf
ist die beste Medizin.

Eine gute Lebensordnung
ist die beste Arznei.

Es will jedermann alt werden,
aber keiner alt sein.

Gesundheit
geht übers Reichsein.

Graben und Hacken
macht rote Backen.

Fressen und Saufen
macht die Ärzte reich.

Geduld heilt alle Schmerzen.

Gehst früh zu Bett, stehst auch früh auf,
verlängerst du den Lebenslauf.

Hunde, die einen Braten
gerochen haben,
wollen ihn auch gern belecken.

Im Becher ersaufen mehr als im Meer.

Im Bett fällt man nicht um.

Immerkrank stirbt nicht.

Ist der Baum gesund, so bringt er
Blätter und Früchte.

Ist der Branntwein im Manne,
ist der Verstand in der Kanne.

Je fetter der Floh,
desto magerer der Hund.

Leibesnot bricht kein Recht.

Lieber betteln geh'n als krank sein.

Lieber's Geld zum Kramer tragen
als in die Apotheke.

Mancher ist genesen, aber nicht gesund.

Ohne Futter bleibt das beste Pferd stehen.

Schlachtet der Bauer eine Henne,
so ist die Henne krank oder der Bauer.

Steh auf um fünf,
iß Mittag um neun,
des Abends um fünf
und zu Bett um neun –
so wirst du ein Mann
von neunundneunzig
und eins.

Viele Ärzte
sind des Kranken Tod.

Von wenig Essen ist noch nie
einer krank geworden,
aber wenn er zuviel frißt.

Von Trebern allein
wird nicht fett das Schwein.

Was einen schmerzt,
davon redet man gern.

Wenig Milch und wenig Mist
gibt die Kuh, die wenig frißt.

Wenn das Haupt krank ist,
so siechen die Glieder.

Wenn die Bauern
besoffen sind,
laufen die Pferde
am besten.

Wenn die Bäume kranken,
muß man sie umpflanzen.

Wer den Finger nicht heilt,
verliert die Hand.

Wer gesund bleiben will,
muß sich vor dem
Krankwerden hüten.

Wer gut füttert, hat gut fahren.

Wer krank ist,
den ärgert die Fliege an der Wand.

Wer lange hustet,
lebt lange.

Wer nur ein Auge hat,
ist allzeit bange dafür.

Wer trinkt ohne Durst
und ißt ohne Hunger,
der stirbt desto junger.

Wo der Zahn weh tut, stößt die Zunge an.

Wo die Sonne hinkommt,
kommt der Arzt nicht hin.

Wütender Hund wird selten alt.

# Essen und Trinken

Alter Speck
macht fette Suppen.

Aus fremder Küche
schmeckt die Suppe gut.

Beim Bier
gibt's viel tapfere Leut'.

Beim Trunk
erkennt man die Narren.

Besser beißen
als unverdaut verschlucken.

Besser oft und wenig essen.

Bier nährt, Wein zehrt.

Bier und Brot
macht die Wangen rot.

Bier auf Wein, das laß sein;
doch Wein auf Bier rat' ich dir.

Branntwein ist morgens Blei,
mittags Silber, abends Gold.

Branntwein ohne Brot
macht die Leute tot.

Der Appetit kommt beim Essen.

Der Branntwein zeigt sich
im Gesicht.

Der Branntwein
stürzt das Haus ein.

Der Hausfrau Augen kochen wohl.

Der Narr kennt nicht
seines Magen Maß.

Dicke Bohnen
und Schwartenmagen
kann der Bauer wohl vertragen.

Die Ackerpferde
fressen am wenigsten.

Die Bauern haben häufig Durst,
sie lieben kurze Predigt
und lange Wurst.

Die Katze mag wohl Fisch essen,
mag aber nicht ins Wasser.

Die Soße schmeckt frühmorgens gut,
nicht minder zu Mittage;
nachmittags sie nicht schaden tut,
ist abends keine Plage;
auch soll ein feines Sößelein
um Mitternacht sehr dienlich sein.

Dreimal schlecht gegessen,
ist auch gefastet.

Ein gut Glas Wein
hilft den Alten auf die Bein'.

Ein guter Trunk
macht Alte jung.

Ein gutes Schwein frißt alles.

Ein voller Bauch ist beser
als weiße Manschetten.

Eine hungrige Sau kommt
ungerufen zum Troge.

Einem Hungrigen
ist gut kochen.

Erdäpfel und Kraut
füllt dem Bauer die Haut.

Es ist noch kein Pfaff'
am Fasten gestorben.

Essen und Trinken
hält Leibe und Seele zusammen.

Gott gibt das Korn,
den Laib muß der Mensch
selber backen.

Gott gibt Wasser und Wein,
aber er schenkt nicht selber ein.

Großer Leib kommt nicht
von kleinen Linsen.

Gut Bier ist Speise, Trank
und Kleid.

Gut Bier macht die Wangen rot
und den Hintern bloß.

Hab' rechtes Maß
in Speis und Trank,
so wirst du alt
und selten krank.

Hat man kein anderes Futter,
so schmeckt auch Brot und Butter.

Heimisch Bier ist besser
als fremder Wein.

Hirsebrei mit brauner Butter
ist das beste Bauernfutter.

Hunger ist der beste Koch,
mag er's nicht so ißt er's doch.

Im Wein ist Wahrheit.

Je mehr einer trinkt,
je mehr ihn dürstet.

Kartoffeln, ist der Bauern Sage,
schmecken alle Tage.

Käs und Brot macht Wangen rot.

In der Jahrzahl erkennt
man den Wein nicht.

Ist der Magen satt,
sind die Glieder matt.

Je mehr Bier ein, je mehr Vernunft aus.

Käs' ist gut,
wenn karge Hand
ihn reichen tut.

Käse ist am Morgen Gold,
zu Mittag Silber
und am Abend Blei.

Lieber die Gurgel verbrennt,
als dem Wirt einen Kreuzer geschenkt.

Magere Gans und herber Wein,
Gott behüt uns vor den zwei'n.

Man muß essen,
was man hat.

Man muß nicht Fische essen in
Monden ohne r.

Man soll das Bier nicht
vor dem Kater loben.

Mancher säuft, daß er schwitzt,
und arbeitet, daß er friert.

Nüchterner Mund
hält Leib und Seele gesund.

Satte Kuh legt sich zur Ruh'.

Schande und Hunger tun weh.

Schlechte Speisen und Trank
machen einem das Jahr lang.

Selber essen macht fett.

So wie man ißt,
so schafft man auch.

Stark Getränk macht wilde Leut'.

Tee, Kaffee und Leckerli
bringen dich ums Aeckerli.

Volle Branntweinflasche
macht leere Tasche.

Vom schlechtesten Bier
kommt der beste Kater.

Was vorher in die Wurst gesteckt,
vergißt ein jeder,
wenn sie schmeckt.

Wein ist der Alten Milch.

Weinreben machen die Männer zu
Böcken und die Weiber zu Geißen.

Weißer Wein vor, roter Wein nach.

Wenn der Bauer zecht,
nimmt sich Zeit der Knecht,
guckt die Magd zum Fenster raus,
spielt die Katze mit der Maus.

Wenn die Bauern besoffen sind,
laufen die Pferde am besten.

Wenn die Sau satt ist,
wirft sie den Trog um.

Wer nicht kommt zur rechten Zeit,
der muß seh'n was übrig bleibt.

Wer Wein in den Keller trägt,
hat's Geld gut angelegt.

Wer will mitessen,
muß auch mitdreschen.

Wer Wurst, Brot und Schinken hat,
der wird noch alle Tage satt.

Wer zum Essen nichts ist,
der taugt zur Arbeit zweimal nichts.

Wie das Fleisch,
so die Brühe.

Wie man sattelt, so reitet man;
wie man kocht, so ißt man.

Wo man scharrt,
muß man auch picken.

Zum Weintrinken
gehören Fleischesser.

# List und Klugheit

Allzu klug ist dumm.

Am Samen spare,
nicht am Mist,
ein kluger Bauer
du dann bist.

An fremden Gebrechen
erkennt man
eigene Schwächen.

Auch kluge Hühner
scheißen sich ins Nest.

Bei weniger aussäen
und besser pflügen
kann man mehr kriegen.

Das Geld verdeckt die
größten Löcher.

Das Kalb will öfter
klüger sein als die Kuh.

Das Lernen hat kein Narr erfunden.

Dem Bauer gilt sein Wurst mehr,
als aller Gelehrten Kunst und Ehr'.

Den Bauern schützt sein Spitz,
den Klugen sein Witz.

Den einen sticht man
mit der Nadel,
den andern mit der Heugabel.

Denken darf man alles,
aber nicht sagen.

Der Bär liebt wohl den Honig,
er macht aber nicht
Jagd auf Bienen.

Der Bauer hat wohl
'ne grobe Hand,
aber einen feinen Verstand.

Der Bauer wird immer
um ein Jahr zu spät weise.

Der die Pfanne hält beim Stiel,
kehret sie, wohin er will.

Der erste Hafersack,
der erste Knappsack;
der letzte Kornsack,
der letzte Knappsack.

Der Hund ist oft schlauer
als sein Herr.

Der Narr lacht, der Weise lächelt.

Die Katze lauert stumm und still,
wenn sie ein Mäuschen
fangen will.

Die Katze weiß wohl,
wes Bart sie leckt.

Die Vögel muß man
im Nest suchen.

Dummheit und Stolz
wachsen aus einem Holz.

Durch Schaden wird man klug.

Ein Ackersmann lernt nie aus.

Ein Bauer – ein Schlauer.

Ein Bauer, der sich nicht bückt,
macht keine graden Furchen.

Ein dummer Flegel
drischt nur Mist.

Ein Esel nennt
den anderen Langohr.

Ein gelehrter Bär kommt
im Walde nicht weit.

Ein großer Mann
begeht kleine Torheit.

Ein gutmütig Schaf
wird von allen Lämmern gesogen.

Ein Schaf auf dem Berge
hält die Ochsen unten für Zwerge.

Ein Schaf kommt
mit dem Fuchs nicht weit.

Einem willigen Esel packt jeder auf.

Erfahrung ist alles.

Es haben nicht
alle Narren Schellen.

Es hat noch nie eine Maus
der Katze ins Ohr genistet.

Es ist kein Bauer gut,
er habe denn Haare auf den Zähnen.

Es leben viele vom Winde,
die keine Mühle haben.

Es lenken nicht alle,
die die Zügel halten.

Gemein Geplärr
ist nie ganz leer.

Große Leiber, kleiner Verstand.

Gut Geheiß freut den Toren.

Hinkende Schafe
und gute Gedanken
kommen hinterdrein.

Hitzig ist nicht witzig.

Hochmut macht dumm.

Hohle Köpfe klappern am meisten.

Kein Narr ist so dumm,
er findet einen,
der ihn für klug hält.

Kleine Samen flach bedeckt,
große Samen tief versteckt.

Klugschnacken kostet kein Geld.

Lesen und nicht verstehen
ist pflügen und nicht säen.

Man lernt mehr,
wo die Liebe lehrt,
als wo der Stock regiert.

Man muß mit einem blinden Gaul
pflügen, wenn man
keinen sehenden hat.

Mancher hat gebratene Hühner
genug gegessen, und versteht doch
nicht soviel vom Wetter als der Hahn.

Mit eines anderen Arsch
ist gut durchs Feuer fahren.

Mit leerer Hand
kann man nicht Habichte locken.

Mit Speck
fängt man Mäuse.

Narren muß man
mit Narren kurieren.

Schwere Ähren
und volle Köpfe neigen sich.

Viel lesen
und nicht durchschauen
ist viel essen
und übel verdauen.

Was man nicht im Kopfe hat,
muß man in den Füßen haben.

Was man voraussieht,
davor kann man sich schützen.

Was nützt aller Verstand,
wenn die Butter auf dem Brot
nicht kleben will?

Wenn's die Klugen nicht wissen,
so frage die Narren.

Wenn das Schaf blökt
und wiehert der Gaul,
so fällt ihnen das Futter
aus dem Maul.

Wenn der Kopf raucht,
riechen die Gedanken
verbrannt.

Wenn der Schwan
beim Raben sitzt,
wird er umso weißer.

Wenn die alten Hunde bellen,
so soll man hinaussehen.

Wenn die Leiter umgefallen ist,
weiß jeder,
wie sie hätte hängen sollen.

Wenn die Maus nicht ins Loch kann,
bindet sie sich einen Schlegel an.

Wenn die Maus satt ist,
ist das Mehl bitter.

Wer alles weiß,
wird auch betrogen.

Wer auf die Leiter will,
muß den Verstand
in den Füßen haben.

Wer das Kalb trägt,
dem lädt man die Kuh auf.

Wer den Bock an den Hörnern hält,
dem folgen die Geißen.

Wer die Katze nicht füttert,
muß die Maus füttern.

Wer dünn säet, erntet dicht.

Wer einen Bauern betrügen will,
muß einen Bauern mitbringen.

Wer etwas lernt
und etwas kann,
bricht überall
sich Bahn.

Wer gut schmiert,
der gut fährt.

Wer im Kopf hat leeres Stroh,
ist gemein
und stolz und roh.

Wer Kohl pflanzt,
kann keine Bohnen ernten.

Wer lernen und gewinnen will,
muß leiden und ertragen viel.

Wer lernen will ohne Buch,
schöpft mit einem Sieb
Wasser in einen Krug.

Wer lernt,
muß so lange glauben,
bis er's besser versteht.

Wer lügt,
muß ein gutes
Gedächtnis haben.

Wer nicht zweifeln kann,
ist ein dummer Mann.

Wer redet, was er will,
der hört, was er nicht will.

Wer sich wichtig macht,
wird ausgelacht.

Wer zu weit voraussehen will,
sieht oft falsch.

Wir lernen,
was wir vergessen sollten,
und vergessen,
was wir lernen sollten.

Wo ein Kluger nichts ausrichtet,
schickt man einen Dummen hin.

Wo man's nicht denkt,
springt der Hase auf.

# Jung und Alt

Alte Bienen geben wenig Honig.

Alte Böcke haben harte Hörner.

Alte Fässer rinnen gern.

Alte Fuhrleute sind gute Wegweiser.

Alte Hennen legen keine Eier.

Alte Leute sind wunderlich;
wenn es regnet, wollen sie Heu machen.

Alte Ochsen machen gerade Furchen.

Alte Stämme, gute Früchte.

Alter Hund ist schwer bändig zu machen.

Alter kommt leise,
macht den einen dumm,
den andern weise.

Alter Sünder tut fromm.

Altes Dach ist schwer zu flicken.

Altes klappert, Neues klingt.

An jungen Bäumen
muß man immer etwas abhauen,
wenn sie gerade wachsen sollen.

Auch wenn man alt wird wie 'ne Kuh,
lernt man doch immer noch dazu.

Das Alte behalten.

Das Alter hat den
Kalender am Leibe.

Das Ei will immer klüger sein
als die Henne.

Dem einen geh'n die Haare aus,
dem andern die Gedanken.

Der uralte Brauch reißt bei uns ein,
wo Buben ausschlüpfen,
wollen sie wieder ein.

Die Alten zum Rat,
die Jungen zur Tat.

Die ältesten Bäume
haben die süßesten Früchte.

Die Jugend weiß nicht,
das Alter kann nicht.

Die rauhesten Fohlen
werden die glattesten Pferde.

Ein alter Baum läßt sich
nicht mehr verpflanzen.

Ein Greis braucht kein Wetterglas.

Ein verliebter Greis ist ein junger Narr.

Eine alte Sau kann ebensogut
eine Eichel finden wie ein junger Eber.

Einen alten Hafen kann man
nicht mehr neu machen.

Fohlen und junge Burschen
brauchen einen kurzen Zaum.

Frühe Saat hat nie gelogen,
allzu spät hat oft betrogen.

Für alte Schuld nimmt man Haberstroh.

In der Jugend die Tugend,
im Alter die Jugend.

Je älter der Bock, je härter das Horn.

Je älter der Kater, je steifer der Schwanz.

Je älter die Kuh, je hübscher das Kalb.

Je länger die Rüben im Boden stehen,
je größer werden sie.

Jung gewohnt, alt getan.

Jung verwöhnt, alt gestöhnt.

Junge Katzen spielen gern.

Kindheit und Beerenzeit
währen nicht ewig.

Mancher greiset, bevor er weiset.

Neue Amtleute und neue Karren,
wenn man sie zuerst braucht, sie knarren.

Von der Sau lernen die Ferkel grunzen.

Was alt ist, brummt gern.

Was Hänschen versäumt,
holt Hans nicht mehr ein.

Weh dem Vogel, der vom Neste fliegt,
eh' ihm die Federn gewachsen sind.

Wenn der alte Hund bellt,
soll man hinaussehen.

Wenn die alten Gäule in Gang kommen
sind sie nicht zu halten.

Wer die Kinder lobt,
den lieben sie.

Wer jung reitet,
muß alt gehen.

Wenn ein alter Bauer stirbt,
so lacht das Geld
und weint das Feld.

Wenn ein Alter tanzt,
so macht er großen Staub.

Wer seine Jugend verhockt daheim,
den schickt man alt
mit seiner Weisheit heim.

Wie der Acker, so die Ruben,
wie der Vater, so die Buben.

# Gut und Schlecht

Allzu gut ist liederlich.

Allzu gut taugt auch nichts.

Allzu gut verdirbt's ganz.

Allzu eben
hat weder Leck noch Schmeck.

Allzu fein
bricht leicht ein Bein.

Am Klappern kann man nicht erkennen,
wie die Mühle mahlt.

Am Morgen erkennt man den Tag.

Anfang heiß, Mitte lau, Ende kalt.

Auch ein guter Baum
bringt ungleich Obst.

Auch ein gutes Pferd schlägt aus,
wenn man es an eine Wunde stößt.

Auch nach einer schlechten Ernte
muß man wieder säen.

Auf einen guten Vormittag
folgt ein schlechter Nachmittag.

Auf fremdem Acker steht die Saat gut.

Aus dem Gläschen noch so klein
kann man saufen wie ein Schwein.

Aus den Borsten des Esels
wird weder Wolle noch Seide.

Aus einem faulen Ei
kriecht kein Küchlein.

Bei viel Hirten wird übel geweidet.

Besser den Sattel
als das Pferd im Stiche lassen.

Besser karg als arg.

Besser verbauert
als versauert.

Böse Schäfer
lieben bissige Hunde.

Das beste am Schweinskopf
ist die Sau.

Das Gewissen ist ein guter Haushund,
der die Diebe wacker anbellt.

Das ist ein böser Gärtner,
der den Kohl
mit der Wurzel herausreißt.

Das schlechteste Rad am Wagen
macht den meisten Lärm.

Das Schlimme
kommt immer hinternach.

Das vorige Jahr
war immer besser.

Den Sattel schlägt er,
und das Pferd meint er.

Der Bauer glaubt
nur seinem Vater.

Der Bauer soll gern verkaufen.

Der Fisch fängt am Kopf
an zu stinken.

Der Hafer wird nicht vor der
Gerste reif.

Der hat gut scheißen,
der den Arsch bei sich hat.

Der Hund frißt wieder,
was er gespien hat.

Der Hund, der mit heißem Wasser
gebrüht wurde, fürchtet sich später
auch vor kaltem.

Der sattelt schlecht,
der den Gaul beim Schwanze zäumt.

Der schönste Apfel hat oft einen Wurm.

Des Herrn Fuß
düngt den Acker am besten.

Die ärgste Blindheit ist,
nicht sehen wollen.

Die besten Birnen
werden von den Wespen angebissen.

Die Ente lacht über
das Watscheln der Gans.

Die freundlichsten Hunde
beißen am schlimmsten.

Die Kühe lassen sich nicht betrügen,
sie geben, wie sie bekommen haben.

Die Sau muß ihre guten Tage
mit der Haut bezahlen.

Die Säue wühlen im Dreck,
geben aber dennoch guten Speck.

Die schlechtesten Beeren sind es nicht,
an denen die Wespen nagen.

Die Sonne geht auf
über Böse und Gute.

Eigenlob stinkt,
Freundeslob hinkt.

Ein Baum, der oft versetzt wird,
trägt wenig Früchte.

Ein Boden bringt nicht immer
gutes Korn.

Ein faules Ei
verdirbt den ganzen Brei.

Ein guter Anschaffer ist besser
als zwei schlechte Schaffer.

Ein guter Fuhrmann
will auch gute Fracht.

Ein guter Gärtner macht aus
Holzäpfeln Pfirsiche.

Ein guter Tag
fängt des Morgens an.

Ein gutes Jahr
dauert nicht lange.

Ein gutes Pferd
braucht keine Sporen.

Ein gutes Wort kostet
nicht mehr als ein böses.

Ein hungriger Hund
fürchtet den Stock nicht.

Eine alte Magd
liegt dem Vater überm Halse
wie ein Wetter überm Dorfe.

Eine fette Sau ist besser
als ein fettes Pferd.

Eine Frucht im Schatten reifet spät.

Eine Peitsche, die immer knallt,
achten die Pferde nicht.

Einem faulen Bauer
ist kein Pflug gut genug.

Es ist ein guter Stamm,
der am Ende eine grüne Spitze hat.

Es ist nicht alles Butter,
was von Kühen kommt.

Es ist oft das beste Fohlen,
das die Halfter zerreißt.

Es ist schlecht blasen
mit vollem Munde.

Es kommt selten etwas
Besseres nach.

Es muß alles bleiben,
wie es ist,
sagt Hans auf seinem Mist.

Fremde Enten sind immer
so groß wie Schwäne.

Fremder Atem stinkt immer.

Früchte, die im Schatten wachsen,
sind nicht so süß als die,
so in der Sonne reifen.

Fütterst du den Hund nicht gut,
fütterst du des Wolfes Brut.

Gernegroß zieht Siefeln an,
in denen er nicht laufen kann.

Gib dem Hunde,
sooft er mit dem Schwanze wedelt,
und dem Kinde, was es will,
so wirst du einen guten Hund
und ein böses Kind haben.

Gibt's nicht Honig,
so gibt's doch Wachs.

Gras und Heu ist zweierlei.

Gut gedengelt
ist halb gemäht.

Gut gefrühstückt,
spürt man den ganzen Tag.
Gut geschlachtet,
das ganze Jahr.
Gut geheiratet,
das ganze Leben.

Gut Korn gibt gut Brot.

Gut Land will gute Pflege.

Gut meinen und gut machen
sind ganz verschied'ne Sachen.

Gute Hirten gehen überall voran.

Gutes Land will gute Pflege.

Hohe Bäume trifft der Blitz.

Im guten Jahr trägt auch ein
schlechtes Feld.

Im Regen ist schlecht Heu machen.

Im schönsten Apfel sitzt der Wurm.

In einem guten Jahr
wächst Korn für zwei schlechte.

Je fauler der Stamm,
je wohler dem Wurm.

Je hohler die Ähre,
desto höher die Nase.

Je mehr du die Bienen von dir schlägst,
desto wilder stechen sie.

Je nasser Heu,
je besser es brennt.

Je schlechter der Acker,
desto besser
muß man ihn pflügen.

Jedem Löffel gefällt sein Stiel.

Jeder Gärtner lobt seinen Kohl.

Kein Müller hat Wasser
und kein Schäfer Weide genug.

Keine Garbe ohne taube Ähren.

Kornblumen sind schön,
aber Ähren sind besser.

Krummes Holz
gibt auch gerades Feuer.

Lerne mit Fleiß, so wirst du weis'.

Lieber unter den Letzten der Erste,
als unter den Ersten der Letzte.

Lieber wenig und gut,
als viel und schlecht.

Man muß sich nicht eher ausziehen,
als bis man schlafen geht.

Man schneidet den Hafer
nicht vorm Korn.

Man soll den Acker
nicht zu wohl bauen.

Man soll ein Jahr weder loben
noch schelten, ehe es nicht vorüber ist.

Man soll immer das Beste
hoffen, aber auf das Schlimmste
gefaßt sein.

Mancher denkt zu buttern
und hat dann Quark im Faß.

Mancher hat Bienen
und kauft Wachs.

Nach einem vollen Jahr kommt
ein mageres.

Neue Besen kehren gut.

Raste ich,
so roste ich.

Reben können den Bauer ausziehen,
aber auch wieder anziehen.

Säet einer Spreu,
ist's mit der Kornernt'
schon vorbei.

Schlechte Jahre sind Lernjahre.

Setzt den Frosch auf einen Stuhl,
er springt zurück in seinen Pfuhl.

So man den Acker bauen tut,
trägt er Früchte, bös oder gut.

Spät Obst liegt am längsten.

Unkraut trägt das Feld,
wird's nicht recht bestellt.

Unkraut vergeht nicht.

Verkaufe kein Ei, bevor es im Nest liegt.

Viel Blüten – wenig Früchte.

Viel Körner machen einen Haufen.

Vor dem Lahmen
soll man nicht hinken.

Wächst die Ehre spannenlang,
wächst die Torheit ellenlang.

Was bald reif wird, wird bald faul.

Was du dir gebraut hast,
das trinke auch selber.

Was ein guter Tag werden will,
zeigt sich schon früh.

Was hilft dem Mastschwein
dicker Speck?

Was hoch ausschießt,
wird unten bald dürr.

Was langsam wächst,
hält lange.

Was man vorausgesehen hat,
trifft nicht schwer.

Was reif ist, das fault gern.

Wenn's Faß leer ist,
kommt's Sparen zu spät.

Wenn der Boden zu fett ist,
so erstickt die Frucht.

Wenn der Fuchs schläft,
hält die Welt ihn für fromm.

Wenn der Geiß zu wohl ist,
so scharrt sie.

Wenn du haderst um ein Schwein,
nimm eine Wurst und laß es sein.

Wenn man die Reben
nicht beschneidet,
so wird ein Wald daraus.

Wenn's die Farbe täte,
wäre der Esel eine Nachtigall.

Wer's nie bös macht,
der macht's nie gut.

Wer den Acker betrügt,
der betrügt sich selbst.

Wer den Acker zu gut baut,
wenig Früchte schaut.

Wer ein blindes Pferd
verkaufen will, lobt die Füße.

Wer Gras mähen will, den dürfen
die Wiesenblumen nicht erbarmen.

Wer gute Ernte machen will,
der düng' und pflüg' und grabe viel.

Wer in ein Wespennest sticht,
bleibt nicht ungestochen.

Wer mit den Hunden zu Bett geht,
steht mit den Flöhen auf.

Wer nie ein Knecht gewesen,
kann auch kein guter Herr sein.

Wer säet, ehe er pflügt,
dem fressen die Vögel den Samen.

Wer sich unter Kleie mischt,
den fressen die Schweine.

Wer sich zu Dreck macht,
den wirft man auf den Mist.

Wer wohl dünget, fährt wohl ein.

Wer zu weit voraussehen will,
sieht oft falsch.

Wer's Unkraut ein Jahr lang läßt
stehen, kann sieben Jahre
jäten gehen.

Wer's Wetter scheut,
kommt niemals weit.

Wie die Blüte, so die Frucht.

Wie die Rübe, so das Kraut.

Wie die Wiese, so die Weide.

Wo die Borsten am längsten sind,
da liegt der wenigste Speck.

Wo die Reben nicht beschnitten
worden, da macht man
keinen Herbst.

Wo ist ein reudig Schaf im Stall,
da werden reudig all.

# Fleiß und Faulheit

Abends werden die Faulen fleißig.

Alte Eier, alte Freier, alter Gaul
sind gewöhnlich faul.

Arbeit gibt Brot,
Faulheit gibt Not.

Auch im Traum
fängt die Spinne Fliegen.

Bei viel Hirten wird übel geweidet.

Beim Sonnenschein schlafen
und beim Mondenschein wachen,
wird niemand zum
reichen Manne machen.

Bücke dich eher
dreimal zuviel
als einmal zuwenig.

Das ist ein fauler Bauer,
der das Fleisch beim Metzger kauft
und in seinen Schornstein hängt.

Den Feierabend
muß man am Morgen suchen.

Der Faule findet überall
ein Plätzchen zum Nichtstun.

Der Faulenzer und die Wintersonne
gehen langsam auf und früh unter.

Die Birne möcht' er wohl,
aber auf den Baum will er nicht.

Die fleißige Spinne
hat ein großes Netz.

Die Mühle dreht sich nicht
vom gestrigen Winde.

Der Spaten hat eine goldene Spitze.

Die Bauern jauchzen erst,
wenn sie heimgehen.

Ein fleißiger Gaul wird nicht fett.

Ein fleißiges Huhn
findet auf jedem Mist zu tun.

Ein Landmann hat nur
drei ruhige Nächte.

Ein Müder kann sogar
auf dem Misthaufen schlafen.

Ein Tag ernährt oft ein ganzes Jahr,
drum muß man vorsorgen.

Ein ungelegtes Ei
ist ein sehr unsicheres Ei.

Eine Biene macht keinen Schwarm.

Eine langsame Sau
kriegt nie einen warmen Bissen.

Einem faulen Bauern
ist kein Pflug gut genug.

Er kann mit der Bratengabel besser
umgehn als mit der Heugabel.

Erwartest du Fleiß,
spar selbst nicht mit Fleiß.

Es fällt keine Eiche
von einem Streiche.

Faule Schäfer haben gute Hunde.

Fette Erde macht den Menschen faul.

Fette Hennen legen nicht.

Fleiß bringt Brot,
Faulheit Not.

Fleißige Arbeit
ist gewisser Reichtum.

Früh mit den Hühnern zu Bette,
früh mit den Hähnen zur Wette.

Geht die Sonne nach Westen,
arbeiten die Faulen am besten.

Halber Mist genügt,
wenn man im Sommer pflügt.

Je glatter Maul, je fauler Arsch.

Je länger im Bette,
je ärmer die Küche.

Leichte Bürde
wird auf die Länge schwer.

Man kann Arbeiten wie ein
Ackergaul, für Zuschauer
ist man immer zu faul.

Man kann im Sommer nicht ernten,
was man im Herbst und Frühjahr
nicht gesät.

Morgenstunde
hat Gold im Munde.

Nur dem wird die Kette
vom Wagen gestohlen,
der zu faul ist, sie abends
ins Haus zu holen.

Ohne Kleie kein Mehl.

Rollender Stein wird nicht moosig.

Rührige Hand
macht aus Felsen Gartenland.

Sei nimmer faul –
das Jahr hat ein gar großes Maul.

Soll die Erde tragen,
so muß man sie plagen.

Soll es in dem Garten sprießen,
mußt du in der Dürre gießen.

Vor Nacht ein, vor Tag aus,
dann steht es wohl im Haus.

Wenn der Bauer nicht muß,
regt er weder Hand noch Fuß.

Wenn die Sonne
scheint ins Land,
grüße sie mit tät'ger Hand.

Wer das Saure nicht kennt,
der weiß nichts von dem Süßen.

Wer den Acker nicht will graben,
wird nichts als Unkraut haben.

Wer ernten will,
muß säen.

Wer früh aufsteht,
sein Gut verzehrt,
wer lange schläft,
den Gott ernährt.

Wer gute Ernte machen will,
der dünge,
pflüg’ und grabe viel.

Wer im Dorfe herumschwänzt,
schadet sich selbst.

Wer im Frühling schläft,
weint im Winter.

Wer im Winter keine Reusen flicht,
kann im Sommer keinen
Fischzug halten.

Wer keine Bienen hat,
muß selber schwärmen.

Wer lange im Bett bleibt,
verschläft den Verstand.

Wer lange schläft,
der hat auf seinem Tische
magere Suppe.

Wer lernt am Morgen,
hat abends keine Sorgen.

Wer mit der Sonne aufsteht,
dem geht sein Tagewerk
frisch vonstatten.

Wer mit einem Müden arbeitet,
arbeitet für zwei.

Wer nicht arbeiten will,
der lass’ das Brot auch liegen still.

Wer nicht jätet früh,
jätet später mit doppelter Muh’.

Wer nicht sät, der nicht mäht.

Wer rasch ißt,
der arbeitet auch rasch.

Wer sich nicht bückt,
ackert schlecht.

Wer will haben, der muß graben.

Wer will schnabeln,
muß erst gabeln.

Wer zuerst in die Wiese geht,
auch das beste Gras stets mäht.

Wer zur Ernte schläft,
wacht im Winter auf.

Wer's Unkraut ein Jahr lang läßt stehen,
kann sieben Jahre jäten gehen.

Willige Pferde
soll man nicht spornen.

Willst Du nicht arbeiten,
so hilft dir kein Beten.

II

# Wetterregeln und Lostage

# Januar, *Hartung, Schneemond*

Anfang und Ende vom Januar
zeigt das Wetter an fürs ganze Jahr.

Der Jänner hat viel Mützen
auf seinem Kopfe sitzen.

Ist Anfang und Ende
des Monats schön,
so bedeutet's ein gutes Jahr.

Januar klar
bringt ein gutes Jahr.

Januar warm –
daß Gott erbarm!

Lacht der Januar im Kommen
und Scheiden,
so bringt das Jahr
noch viele Freuden.

Schöner Januar,
schlechter Mai.

Sind im Januar die Flüsse klein,
gibt's im Herbst einen guten Wein.

Wenn der Tag beginnt zu langen,
kommt die Kälte hergegangen.

Werden die Tage länger,
wird der Winter strenger.

Wie der Januar,
so der Juli.

## *Sonne*

Januarsonne
hat weder Kraft noch Wonne.

## *Tau und Regen*

Der Regen des Januar
fehlt im Sommer.

Gibt's im Januar Regen,
bringt's den Saaten keinen Segen.

Im Januar viel Regen,
viel Schnee,
tut Bergen, Tälern
und Bäumen weh.

Im Januar viel Regen
bedeutet nicht Segen.

Ist der Jänner feucht und lau,
wird das Frühjahr
trocken und rauh.

Ist der Jänner naß,
bleibt leer das Faß.

Ist der Januar naß und warm,
wird der Bauersmann gern arm.

Januar mit vielem Regen
Bringt den Feldern wenig Segen.

Regen im Januar – doppelte Keime,
aber nur halbe Frucht
in der Scheune.

Regnet es im Januar,
spart der Bauer sein Heu.

Trock'ner Januar, nasser Juli.

Wenig Wasser im Januar –
viel Wein;
bei vielem Wasser
wird's wenig sein.

## *Nebel*

Auf Nebel im Januar
folgt oft ein nasses Jahr.

Januarnebel bringt Märzenschnee.

Wenn im Januar
viel Nebel steigen,
wird sich ein schönes
Frühjahr zeigen.

## *Blitz und Donner*

Donnert es im Januar,
gibt es Eis ohne Ende.

Januar muß krachen,
soll der Frühling lachen.

Wenn's im Januar
donnert überm Feld,
kommt später große Kält'.

## *Hagel, Eis und Schnee*

Auf trockenen, kalten Januar
folgt viel Schnee im Februar.

Fährt der Bauer im Januar Schlitten,
muß er im Herbst um Sä-Frucht bitten.

Fehlen dem Jänner Schnee und Frost,
gibt der März gar wenig Trost.

Im Januar Schnee zuhauf,
Bauer, halt dein Säckchen auf.

Ist der Januar hell und weiß,
wird der Sommer sicher heiß.

Ist im Januar dick das Eis,
gibt's im Mai ein üppig Reis.

Januar recht hoher Schnee,
heißt im Sommer hoher Klee.

Reichlich Schnee im Januar,
machet Dung fürs ganze Jahr.

*Sturm und Wind*

Wenn im Januar
der Südwind brüllt,
werden die Friedhöfe schnell gefüllt.

Soviel Schnee,
soviel Klee.

Wenn's im Hornung
nicht tüchtig schneit,
kommt die Kälte
zur Osterzeit.

*Frost und Hitze*

Januar hart und rauh,
nützt dem Getreidebau.

Januar je kälter und heller,
Scheuer und Faß desto völler.

Januar muß vor Kälte knacken,
wenn die Ernte gut soll sacken.

Je frostiger der Januar,
je freudiger das ganze Jahr.

Wenn im Jänner der Frost
nicht kommen will, so kommt er
im März und im April.

Wenn Januar mit Kälte dräut,
macht die Arbeit im Juli Freud.

Wenn vor und im Januar nicht
viel Fröste und Schnee kommen,
so kommen sie gewöhnlich
im März und April.

## *Tiere*

Ziehen die Spinnen ins Gemach,
kommt gleich der Winter nach.

Im Januar Füchse bellen, Wölfe heulen,
große Kälte wird noch lange weilen.

Im Januar sieht man lieber einen Wolf,
als den Bauern ohne Jacke.

Im Januar viel Muckentanz,
verdirbt die Futterernte ganz.

Läßt der November
viel Füchse bellen,
wird der Winter
viel Schnee bestellen.

Sonnt sich die Katz' im Januar,
liegt sie am Ofen im Februar.

Tanzen im Januar die Mucken,
muß der Bauer nach dem
Futter gucken.

Wenn die Mücken
spielen im Januar,
so kommt der Bauer
in große Gefahr.

### *Pflanzen*

Wächst das Gras im Januar,
wächst es schlecht das ganze Jahr;
wächst die Frucht auf dem Feld,
wird sie teuer in aller Welt.

Wächst das Gras im Januar,
ist's im Sommer in Gefahr,

Wächst das Korn im Januar,
wird es auf dem Markte rar.

Was Januar in die Samen treibt,
in Halm und Ähren steckenbleibt.

Wenn das Gras
wächst im Januar,
wächst es schlecht
das ganze Jahr.

Wenn im Januar
die Frucht auf dem Felde wächst,
so wird sie teuer.

## LOSTAGE IM JANUAR

### *1. Neujahr*

Ist es an Neujahr schön und klar,
so gibt es ein fruchtbares Jahr.

Am Neujahr wächst der Tag um
einen Hahnenschritt,
am heiligen Dreikönig um einen
Hirschsprung,
an Sebastian um eine ganze Stund,
an Mariä Lichtmeß
merkt man erst was drum.

Neujahrsnacht still und klar,
deutet auf ein gutes Jahr.

Am neuen Jahrestag
wächst der Tag,
soweit der Haushahn schreiten mag.

Neujahr klar,
Ostermorgen vertreibt die Sorgen,
Pfingsttag – 's Herz wird wach.

Wenn's um Neujahr Regen gibt,
oft um Ostern Schnee noch stiebt.

Morgenrot am ersten Tag,
Unwetter bringt und große Plag.

Ist das Neujahr schön hell und klar,
so deutet das ein fruchtbar Jahr.

### *2. Makarius*

Makarius das Wetter prophezeit
für die ganze Erntezeit.

Wie das Wetter zu Makarius war,
so wird's auch im September,
trüb oder klar.

## *6. Dreikönigstag*

Ist Dreikönig hell und klar,
gibt's viel Wein in diesem Jahr.

Wenn bis Dreikönig kein
Winter ist, kommt keiner.

An Heilig Dreikönig werden
die Tage um einen
Hahnenschrei länger.

Ist Dreikönig hell und klar,
gibt's viel Wein in diesem Jahr.

Nach Dreikönigstag wächst jeder
Tag um einen Hahnenschritt.

Regen an Dreikönig – doppelte Keime,
aber nur halbe Frucht in die Scheune.

Am Dreikönigstag sind die Feste vorbei.
Mariä Verkündigung bringt neue herbei.

Die heiligen drei Könige
kommen zu Wasser
oder gehen zu Wasser.

## *8. Erhard*

St. Erhard mit der Hack,
steckt die Feiertag in den Sack.

## *9. Julian*

St. Julian bricht das Eis,
bricht er es nicht, umarmt er es.

## *17. Antonius der Einsiedler*

St. Anton nehmen die Tage zu
um eine Mönchsruh.

Große Kält' am Antonitag,
große Hitz' am Lorenzitag,
doch keine lange dauern mag.

St. Antonius mit dem weißen Bart,
wenn er nicht regnet, er doch den
Schnee nicht spart.

St. Anton bringt Eis
oder bricht Eis.

### *20. Fabian, Sebastian*

Um Fabian und Sebastian
fängt schon der Saft
zu gehen an.

Fabian, Sebastian
lassen den Saft
in die Bäume gahn.

An Fabian, Sebastian
fängt Baum und Tag
zu wachsen an.

Fabian, Sebastian
nimmt der Tauber die Taube an.

Fabian und Sebastian
fängt der rechte Winter an.

Fabian im Nebelhut
tut den Früchten gut.

An Sebastian
muß einer entweder
ertrinken oder erfrieren.

Sturm und Frost an Sebastian
ist den Saaten wohlgetan.

### *21. Agnes*

Scheint am Agnestag die Sonne,
wird die Frucht wurmig;
ist es bewölkt,
wird gesunde Frucht.

Wenn St. Agnes
wird kommen,
wird neuer Saft im Baum
vernommen.

### *22. Vinzenz*

St. Vinzent hat der Winter noch kein End'.

Geht Vinzenz im Schnee,
gibt's viel Heu und Klee.

St. Vinzenz Sonnenschein
füllt das Faß mit gutem Wein.

## *24. Timotheus*

Timotheus bricht das Eis,
hat er keins, macht er eins.

St. Paulus
kalt im Sonnenschein,
wird das Jahr
wohl fruchtbar sein.

## *25. Pauli Bekehrung*

Auf Pauli Bekehr
kommt der Storch wieder her.

Pauli Bekehr,
der halbe Winter hin, der halbe her.

Pauli Bekehrung,
der Lämmer Bescherung.

St. Paulus klar
bringt gutes Jahr;
hat er Wind,
regnet's geschwind;
ist Nebel stark,
füllt Krankheit den Sarg;
wenn's regnet und schneit,
wird teuer 's Getreid;
doch Gott allein
wend't alle Pein.

Schön an Pauli Bekehrung –
bringt allen Früchten Bescherung.

Ist zu Pauli Bekehr das Wetter schön,
wird man ein gutes Frühjahr sehn;
ist's aber schlecht,
dann kommt es spät als fauler Knecht.

Paul Bekehr ändert das Wetter.

Hat Paulus
weder Schnee
noch Regen,
so bringt das Jahr
gar manchen Segen.

# Februar, *Hornung*

Auf Fasten folgt Ostern.

Alle Monate im ganzen Jahr
verwünschen den schönen Februar.

Der Februar
muß seine Pflicht tun.

Der Februar soll anfangen
wie ein Bär und ausgehen
wie ein Schmeer.

Fastnacht braucht jeder
seine Pfanne selber.

Fastnacht verhungert niemand.

Guter Februar,
schlechter Frühling.

In der Fasten
leeren die Bauern
Keller und Kasten.

Jedes Fasten hat drei Freßtage.

In der Sintflut ist alles verdorben,
nur die Fische nicht,
darum dienen sie zum Fasten.

Ist der Februar sehr warm,
friert man zu Ostern
bis in den Darm.

Ist der Februar trocken und kalt,
kommt im Frühjahr die Hitze bald.

Kalter Februar –
gutes Roggenjahr.

Keine Fasten ohne Stockfisch.

Kurze Fastnacht – lange Fasten.

Langes Fasten
ist nicht Brot sparen.

Ob's warm, ob's kalt, in jedem Fall:
viel Narren gibt's im Karneval.

Rauher Februar,
schöner August.

Schaltjahr,
Kaltjahr.

Von langem Fasten
stirbt ein Ochse.

Warmer Februar – kalter März.

Was der Hornung nicht will,
das nimmt der April.

Wenn der Februar kalt,
wird der Winter nicht alt.

Wer lange gefastet hat,
dem sind rohe Bohnen süß.

Wie das Wetter in den Fastnachtstagen,
mag es sein auch in denOstertagen.

## *Sonne*

Im Februar hat es der Bauer lieber,
der Wolf schaut zum Fenster
herein als die Sonne.

Im Februar zu viel Sonn' am Baum
läßt dem Obst keinen Raum.

Sonnt sich die Katze im Februar,
muß sie im März hinter den Ofen gar.

Wenn an Fasnacht die Sonne scheint,
ist's für Korn und Erbsen gut gemeint.

Wer Februar an der Sonne liegt,
im Märzen an den Ofen kriecht.

Regen im Februar
bringt flüssigen Dünger für's Jahr.

Sommerregen und Ziegenmist
lassen den Bauern, wie er ist.

## *Tau und Regen*

Ein nasser Februar
bringt ein fruchtbar Jahr.

Läßt der Februar
das Wasser fallen,
so läßt's der Lenz gefrieren.

Viel Regen im Februar,
viel Sonne das ganze Jahr.

Viel Regen im Februar,
viel Regen das ganze Jahr.

Wenn's im Februar regnerisch ist,
hilft's so viel wie guter Mist.

## *Nebel*

Viel Nebel im Februar,
viel Regen im ganzen Jahr.

## *Blitz und Donner*

Bringt der Februar Gewitter,
merkt mit Schmerzen es der Schnitter.

Dem Sommer sind Donnerwetter
nicht Schande, sie nützen der Luft
und dem Lande.

## *Hagel, Eis und Schnee*

Es ist selten ein Sommer ohne Hagel
und ein Kopf ohne Nagel.

Fastnachtsschnee
tut der Saat weh.

Februar hat seine Mucken,
baut aus Eis oft feste Brucken.

Gibt's im Februar weiße Wälder,
freuen sich Wies' und Felder.

Im Februar Schnee und Eis
macht den Sommer heiß.

Im Hornung Schnee und Eis
macht den Sommer heiß.

Schnee im Februar
bringt Segen fürs ganze Jahr.

Weißer Februar stärkt die Felder.

## *Sturm und Wind*

Der Februar muß stürmen und blasen,
soll das Vieh im Lenze grasen.

Heftige Nordwinde im Februar
vermelden ein gar fruchtbar Jahr.
Wenn der Nordwind aber
im Februar nicht will,
dann kommt er sicher im April.

Im Hornung müssen
die Stürme fackeln,
daß den Ochsen
die Hörner wackeln.

Rauher Nord im Februar
deutet auf ein gutes Jahr.

Wenn der Hornung
kein Fieber macht,
liefert Märzen
gar manche Schlacht.

Wenn's der Hornung
gnädig macht,
bringt der Lenz
den Frost bei Nacht.

Wenn's im Hornung
nicht friert und schneit,
kommt der Frost zur Osterzeit.

## *Frost und Hitze*

Der Februar ist ein eig'ner Kauz –
wenn's nicht gefroren ist, so taut's.

Februar mit Frost und Wind
macht die Ostertage gelind.

Friert es nicht im Hornung ein,
wird's ein schlechtes Kornjahr sein.

Hätte der Februar Januars Gewalt,
ließ er verfrieren jung und alt.

Ist der Februar trocken und kalt,
wirst im August
vor Hitz' zerspringen bald.

## *Tiere*

Die weiße Gans im Februar brütet,
Segen fürs ganze Jahr.

Im Februar hält der Marder beim
Bauer seine Hochzeit.

Im Februar muß die Lerch'
auf die Heid',
mag's sein lieb oder leid.

Singt die Lerch' im Hornung hell,
geht's dem Bauern um das Fell.

Spielen im Hornung die Mücken,
gibt's im Heustall große Lücken.

Tanzen die Mücken im Februar,
gibt's ein spätes Frühjahr.

Tummeln die Krähen noch,
bleibt im Februar
des Winters Joch;
wenn sie vom Feld verschwinden,
wird sich bald Wärme finden.

Wenn die Fliegen spielen im Januar,
kommt noch Kält' im Februar.

Wenn im Februar liegt die Katz'
in der Sonne,
So kriecht sie im März wieder in
die Tonne.

Wenn im Hornung
die Mücken schwärmen,
muß man im März
die Ohren wärmen.

Wenn im Hornung
die Schnaken geigen,
müssen sie im Märzen schweigen.

### *Pflanzen*

Wer den Hafer sät im Horn,
der hat viel Korn;
wer ihn sät im Mai,
der hat viel Spreu.

## LOSTAGE IM FEBRUAR

### *2. Mariä Lichtmeß*

Lichtmeß ändert das Wetter.

Gibt's an Lichtmeß Sonnenschein,
wird's ein spätes Frühjahr sein.

Lichtmeß im Schnee –
Palmsonntag im Klee.

Lichtmeß hell und klar
gibt ein schlechtes Jahr.

Lichtmeß fängt der Bauersmann
neu mit des Jahres Arbeit an.

Lichtmeß Spinnen vergeß,
bei Tag zu Nacht eß.

Vor Lichtmeß
Lerchengesang
macht um den Lenz
mich bang.

Ist's zu Lichtmeß licht,
geht der Winter nicht.

Gibt's an Lichtmeß Sonnenschein,
wird's ein spätes Frühjahr sein.

Ist's an Lichtmeß hell und rein,
wird's ein langer Winter sein;
wenn es aber stürmt und schneit,
ist der Frühling nicht mehr weit.

Zu Lichtmessen
soll man die Wurst bei Tag essen.

Wenn's um Lichtmeß
stürmt und schneit,
ist's zum Frühling nicht mehr weit.

Wenn Lichtmessen hell und schön,
will Winter noch nicht weiter gehn;
steigt aber Regen
zu Lichtmessen nieder,
dann kommt der Winter
gewiß nicht wieder.

Lichtmeß Sonnenschein,
wird's noch sechs Wochen Winter sein.

Um Lichtmeß kalbt die Kuh,
dann legt das Huhn,
dann zickelt die Geiß,
dann macht der Bauer
am allermeist.

Wenn's zu Lichtmeß
stürmt und tobt,
der Bauer sich das Wetter lobt.

Ist Lichtmeß stürmisch und kalt,
dann kommt der Frühling bald.

Nach Lichtmeß kann der Bauer
Eier und Milch haben.

Wenn's an Lichtmeß
stürmt und schneit,
ist der Frühling nicht mehr weit;
ist es aber klar und hell,
kommt der Lenz
wohl nicht so schnell.

Wenn der Nebel zu Lichtmeß fallt,
wird's gewöhnlich sehr lange kalt.

Scheint zu Lichtmeß
die Sonne heiß,
gibt's noch sehr viel
Schnee und Eis.

Um Lichtmeß
warmer Sonnenschein
bringt gar wenig Segen ein.

Grünt um Lichtmeß
schon der Klee,
gibt's um Ostern oft noch Schnee.

An Lichtmeß
muß die Lerche singen,
und sollt ihr auch
der Kopf zerspringen.

Solang die Lerche
vor Lichtmeß singt,
solang ihr nachher
die Stimme verklingt.

Iß an Lichtmeß kein Fleisch,
wenn du gesund bleiben willst.

### *3. Blasius*

St. Blas und Urban
ohne Regen –
folgt ein guter Erntesegen.

St. Blasius
Man Lammbraten essen muß.

St. Blasius
stößt dem Winter die Hörner ab.

### *5. Agatha*

St. Agatha,
die Gottesbraut,
macht, daß Schnee
und Eis gern taut.

Am Agathentage die Hälfte Heu
und die Hälfte Stroh.

### *6. Dorothea*

Bringt Dorothe recht viel Schnee,
bringt der Sommer guten Klee.

St. Dorothe
gibt den meisten Schnee.

### *9. Apollonia*

Ist's an Apollonia feucht,
der Winter
sehr spät entweicht.

### *12. Benedikt, Eulalia*

St. Eulalia Sonnenschein
bringt viel Obst und guten Wein.

Eulalia im Sonnenschein,
bringt viel Apfel
und Apfelwein.

### *14. Valentin*

Eier vom Tage Valentin
bringen wenig Gewinn.

Kalter Valentin –
früher Lenzbeginn.

Valentins Eier
müssen schnell ans Feuer.

An St. Valentein
friert's Rad
mitsamt der Mühle ein.

St. Valentins Eier
sind umsonst zu teuer.

### *16. Simeon*

Friert's um Simeon
ganz plötzlich,
bleibt der Frost
nicht lang gesetzlich.

### *22. Petri Stuhlfeier*

St. Peter
hebt den Lenz an,
der geht aus
auf St. Urban.

Petri Stuhlfeier
macht Tag und Nacht gleich.

Wenn's an Peterstag regnet,
so regnet's
Dieb und Mäus.

Wenn's friert
auf Petri Stuhlfeier,
friert's noch
vierzehnmal heuer.

Des Jahres vier Teile ich fand,
der erst wird der Lenz genannt;
Petri Stuhlfeier hebt ihn an,
und gehet aus auf St. Urban.

Wie's in der Nacht
zu St. Petri wittert,
so wittert's vierzig Tage.

Von St. Peter an essen die
Bauersleut bei Tag.

Petri Stuhlfeier kalt
wird vierzig Tage alt.

Hat St. Peter
das Wetter schön,
soll man Kohl
und Erbsen sä'n.

Findet der Storch
St. Petri offen den Bach,
kommt keine
Frostdecke nach.

Auf St. Peters Fest
sucht der Storch sein Nest.

## *24. Matthias*

Mattheis
brichts Eis;
find't er keins,
macht er eins.

Nach Mattheis
geht kein Fuchs
mehr übers Eis.

Wenn Matthias kommt herbei,
legt das Huhn das erste Ei.

St. Mattheis hab ich lieb,
denn er gibt dem Baum den Trieb.

Matthias schließt
die Erde auf oder zu.

Taut es vor und auf Mattheis,
dann sieht es schlecht aus auf dem Eis.

Am Matthiastage
laß deine
Bienen heraus.

## *28. Roman*

St. Roman hell und klar
bedeutet ein gutes Jahr.

# März, *Lenzmond*

Auf einen freundlichen März
folgt ein freundlicher April.

Auf März folgt stets April,
das ist Kalenderwill.

Brau nur im März gut Bier,
mein lieber Brauer,
es ist gesund und wird nicht sauer.

Der liebe März
nimmt den Pflug am Sterz.

Der März am Schwanz,
der April ganz,
der Mai neu
halten selten Treu.

Der März greift den Winter ans Herz.

Der März
nimmt alte Leute beim Sterz.

Der Märzmonat
keinen Tag wie den andern hat.

Der September ist wie März
und Juni wie Dezember,
ohne Scherz.

Ein grüner März
erfreut kein Bauernherz.

Feuchter, fauler März
ist des Bauern Schmerz.

Hell und heiter der März ganz,
der April im Schwanz.

Im März soll man die Wiesen nach
dem Zaun hängen.

Im Märzen
spart man die Kerzen.

Läßt der März sich trocken an,
bringt er Brot für jedermann.

März muß zwölf gute Tage haben.

März nicht zu trocken,
nicht zu naß,
füllt dem Bauern Scheun' und Faß.
Und blitzt und donnert's
endlich gar,
kommt ganz bestimmt
ein gutes Jahr.

März trocken, April naß –
Mai luftig, von beiden etwas,
bringt Korn in den Sack und
Wein ins Faß.

Mit dem Märzen
ist nicht zu scherzen.

Säst du im März zu früh,
ist's oft vergebene Müh.

Taut's im März nach Sommerart,
bekommt der Lenz einen weißen Bart.

Trock'ner März, nasser April,
kühler Mai,
füllt Scheuer, Faß und bringt
viel Heu.

Trock'ner März, nasser April,
kühler Mai,
schreit der Bauer Juchhei.

Was der März nicht will,
holt sich der April;
was der April nicht mag,
steckt der Mai in den Sack.

Wenn der März nicht tut,
was er soll, ist der April
der Launen voll.

Wenn der März zum April wird,
wird der April zum März.

Wer seinen Mist will verscherz',
der muß fahren im März.

Wer wässert im März und im Mai,
hat Wiesen, aber hat kein Heu.

Zu Anfang oder zu End'
der März sein Gift versend't.

### *Wolken*

Ein heiterer März
erfreut des Bauern Herz.

Im März kalt und Sonnenschein,
wird eine gute Ernte sein.

Märzensonne –
kurze Wonne.

## *Tau und Regen*

Auf Märzenregen dürre Sommer
zu kommen pflegen.

Ein Regen im März,
der am Mittag fällt,
sich meist zwei Tage
am Orte hält.

Im März Tau – um Pfingsten Reif,
im August ein Nebelstreif.

Im März viel Regen –
im Sommer wenig Segen.

Märzenregen –
der Sommer trocken,
und die Ähren bleiben hocken.

Märzenregen zeigen an,
daß große Winde zieh'n heran.

Märzenstaub und Aprilregen
bringen im Mai großen Segen.

Nasser März
ist Bauernschmerz.

Viel Tau im Monat März
bringt Reif um Pfingsten,
den Feldern Schmerz.

Wieviel im Märzen
Tau vom Himmel steigen,
soviel Reife sich nach Ostern zeigen,
und soviel Nebel im Augustmond
kommen,
was du merken magst zu deinem
Frommen.

## *Nebel*

Im März viel Nebel, recht nasser,
im Sommer viel Regen, groß' Wasser.

Jeder Märznebel kommt nach hundert
Tagen als Regen wieder.

Soviel Nebel im März,
soviel Fröste im Mai,
soviel Gewitter im Sommer.

Soviel Nebel im Märzen steigen,
soviel sich Wetter im Sommer zeigen.

Soviel der März an Nebeln macht,
so oft im Juni Donner kracht.

Soviel Nebel im März,
soviel Frost im Mai.

Wenn im März viel Nebel fallen,
im Sommer viel Gewitter schallen.

### *Blitz und Donner*

Donnert's im März,
lacht dem Bauern das Herz.

Donnert's im März,
schneit's im Mai.

Donnert's in den März hinein,
wird der Roggen gut gedeih'n.

Gewitter im Märzen
geh'n dem Bauern zu Herzen.

Stellt sich im März
schon Donner ein,
so muß das ein Gewitter sein.

### *Hagel, Eis und Schnee*

Langer Schnee im März gibt Heu,
aber mager Korn und Spreu.

Fürchte nicht
den Schnee im März,
drunter schlägt
ein warmes Herz.

Im März
viel Schnee und Regen
bringt wenig Sommersegen.

März ohne Schnee
tut den Saaten weh.

Märzenstaub
bringt Gras und Laub;
Märzenschnee
tut den Saaten weh.

Märzschnee
tut der Saat nicht weh.

Schnee, der erst im Märzen weht,
abends kommt und morgens geht.

### *Sturm und Wind*

Wenn im März viel Winde weh'n,
wird's im Maien warm und schön.

### *Frost und Hitze*

Soviel Fröste im März,
so viele im Mai.

### *Tiere*

Der März soll kommen
wie ein Wolf
und gehen wie ein Lamm.

Der März
bricht der Kuh das Herz.

Der März ist der Lämmer Scherz,
er ist oft auch ihr Schmerz.

Im Märzen früher Vogelsang
macht den Winter lang.

Kommt der März wie ein Löwe,
so geht er wie ein Lamm;
kommt er wie ein Lamm,
so geht er wie ein Löwe.

Märzenferkel, Märzenfohlen
alle Bauern haben wollen.

Maulwurfshaufen im März zerstreut
lohnt sich wohl zur Erntezeit.

Wenn im März die Kraniche ziehen,
werden bald die Bäume blühen.

Wenn im März viel Mückenspiel,
dann sterben
der Bien' und Schafe viel.

*Pflanzen*

Blumen im März
machen alten Leuten Schmerz.

Dem Golde gleich
ist Märzenstaub,
er bringt uns Kraut und Gras
und Laub.

März trocken, viel Roggen.

Märzenblüte ist ohne Güte.

Märzenblüte ist nicht gut,
Aprilblüte ist halb gut,
Maienblüte ist ganz gut.

Siehst im März
gelbe Blumen im Freien,
magst getrost du Samen streuen.

Wenn der März
stößt rauh ins Horn,
steht es gut mit Heu und Korn.

Wer will dicke Bohnen essen,
darf des Märzen
nicht vergessen.

## LOSTAGE IM MÄRZ

*1. Albin*

Wenn es an St. Albin regnet,
gibt es weder Heu noch Stroh.

## *4. Kunigunde*

Wenn es donnert um Kunigund,
treibt's der Winter noch lange bunt.

Wenn es Kunigunde friert,
sie's noch vierzig Nächte spürt.

St. Kunigund
macht warm von unt'.

Wenn es Kunigunden friert,
sie's noch vierzig Nächte spürt.

## *5. Virgil*

Friert es auf Virgilius,
im Märzen Kälte kommen muß.

## *12. Gregor*

St. Gregor und das Kreuze macht
den Tag so lang als wie die Nacht.

An Gregori muß der Bauer mit der
Saat ins Feld.

Gregor zeigt dem Bauern an,
daß im Feld er säen kann.

Wenn Gregorius sich stellt,
muß der Bauer in das Feld.

Geht am Gregoriustage
der Wind,
so geht er,
bis Jakobi kimmt.

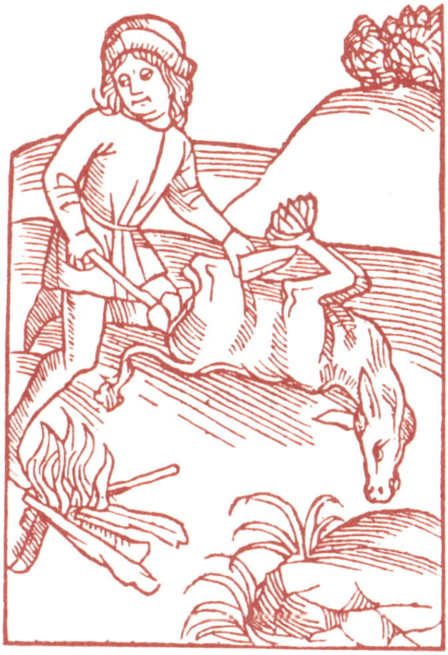

Wenn Gregori fällt,
heißt's: die Saat bestellt.

Um Gregor
kommt die Schwalbe vor.

Am Gregorstag geht nunmehr
der Winter in das Meer.

An Gregori fliegt
der Storch übers Meer.

An Gregori öffnet der Frosch
kein Maul.

### *17. Gertraud*

An St. Gertrud ist es gut,
wenn in die Erd'
die Bohn' man tut.

Ist Gertrud sonnig,
ist's dem Gärtner wonnig.

Gertraud
sät Kraut.

Sonniger Gertrudentag,
Freud' dem Bauern bringen mag.

Ist Gertrud sonnig,
wird's dem Gärtner wonnig.

St. Gertrud
die Erde öffnen tut.

Es führt St. Gertraud
die Kuh zum Kraut,
die Bienen zum Flug
und die Pferde zum Zug.

Gertraud ist die erste Gärtnerin.

Gertraud
den Garten baut.

Gertrud
bringt uns die Störche her
und Bartholomäus macht ihre
Nester wieder leer.

Friert's an Gertrud,
der Winter noch vierzig Tage
nicht ruht.

Sieht St. Gertraud Eis,
wird das ganze Jahr nicht heiß.

### *19. Joseph*

Joseph klar
gibt's ein gutes Honigjahr.

Am Josephstag
Wirft man das Licht in'n Bach.

Ist's am Josephtage schön,
wird ein gutes Jahr man sehn.

Wenn einmal Josephi ist,
endet der Winter ganz gewiß.

Josephitag klar
ist ein fruchtbar Jahr.

## *21. Benedikt*

Auf St. Benedikt achte wohl,
daß man Hafer säen soll.

St. Benedikt
macht die Möhren dick.

Zum St. Benedikt lieber
eine Ziege tot im Stall
als Rauhreif an den Tannen.

St. Benedikt segnet deine Hand,
säest du ihm Erbsen, Gerste und
Zwiebeln ins Land.

## *25. Mariä Verkündung*

Mariä Verkündigung
verkündigt das Frühjahr.

Mariechen pustet's Licht aus,
Michel steckt's wieder an.

Wenn Maria sich verkündet,
Storch und Schwalbe
heimwärts findet.

Maria Verkündigung
bläst das Licht aus,
St. Michael zündet es wieder an.

Hat's in Mariennacht gefroren,
so werden noch
vierzig Fröste geboren.

Ist's an Marien schön und rein,
so wird das Jahr
sehr fruchtbar sein.

Wenn Marien wird verkündet,
Die Schwalbe sich wieder findet.

In Maria Verkündigung geht unsere
liebe Frau mit einem brennenden
Scheit unter der Erde hin.

Lein, gesäet Marientag,
wohl dem Nachtfrost trotzen mag.

Werden an Marien die bedeckten
Reben aufgezogen, so schadet
ihnen kein Frost mehr.

An Marien ist gut Lein säen.

Ist Marien schön und hell,
gibt's viel Obst auf alle Fäll'.

Maria breitet die Schürze
über den Lein.

Schöner Verkündigungsmorgen
befreit den Bauer von vielen Sorgen.

Regnet es zu Mariä Verkündigung,
so regnet es vier Wochen lang.

Maria zieht
die liegenden Reben auf
und nimmt
den leichten Frost in Kauf.

### *27. Rupert*

Ist an Rupert der Himmel rein,
so wird er's auch im Juni sein.

Wie der 29., so der Frühling.
Wie der 30., so der Sommer.
Wie der 31., so der Herbst.

## April, *Ostermond*

Am besten hat's der Herrgott
im April:
Er kann's Wetter machen,
wie er will.

April und Mai fürwahr
sind die Schlüssel
zum ganzen Jahr.

April weiß nicht, was er will.

Aprilwetter und Kartenglück
wechseln jeden Augenblick.

Auf trockenen April
nasser Sommer
folgen will.

Bald trüb und rauh,
bald licht und mild,
ist der April –
des Menschen Ebenbild.

Der April ist ein Schalk.

Der April macht alle Tag'
neunmal sein Spiel.

Der April treibt sein Spiel. –
Treibt er's toll,
wird die Tenne voll.

Der April
treibt sein Spiel, wie er will.

Guter April – schlechter Mai.

Ist der April schön und rein,
braucht der Mai
sich nicht zu freun',
schlimmer ist es, wenn er dürr,
denn kein Bauer dankt dafür.

Ist es im April sehr trocken,
geht der Sommer nicht auf Socken.

Wächst der April, steht der Mai still.

Wenn der April Spektakel macht,
gibt's Korn und Heu in voller Pracht.

Wie die erste Hälfte April,
so auch der Sommer.

## *Sonne*

Gehst du im April bei Sonne aus,
laß den Regenschirm nicht zu Haus.

## *Tau und Regen*

April – mehr Regen als Sonnenschein,
dann wird's im Juni trocken sein.

April naß und kalt,
wächst das Korn wie ein Wald.

Bringt der April viel Regen,
denkt dies auf Segen.

Der April zählt 30 Tage,
doch regnete es 31,
es würde nicht schaden.

Ein nasser April
verspricht der Früchte viel.

Ein trockener April
ist nicht des Bauern Will';
April mit Regen ist ihm gelegen.

Je mehr im April die Regen strömen,
desto mehr wirst du vom Felde nehmen.

Nasser April gibt blumigen Mai.

Stellt sich im April der Regen ein,
dann hat man keinen Sonnenschein.

Warmer Aprilregen,
bringt großen Segen.

Wenn naß war der April,
der Juni selten regnen will.

Hat der April mehr Regen als
Sonnenschein,
wird's im Juni trocken sein.

Nasser April – trockener Juni.

## *Blitz und Donner*

Donner im April,
ist des Bauern Will.

## *Hagel, Eis und Schnee*

Aprilschnee düngt,
Märzenschnee frißt.

Aprilschnee
ist besser als Schafmist.

Bringt der April noch Schnee
und Frost,
gibt's wenig Heu und
sauren Most.

Der April ist nicht zu gut,
er beschneit dem Ackermann den Hut.

Im April ein tiefer Schnee –
keinem Dinge tut er weh.

Ist der April zu schön,
kann im Mai der Schnee noch weh'n.

Schnee im April –
gut düngen will.

## *Sturm und Wind*

April windig und trocken,
macht alles Wachstum stocken.

Bläst der April mit beiden Backen,
gibt's genug zu jäten und hacken.

Wenn's im April brav
stürmt und schneit,
so gibt's eine schöne Sommerzeit.

## *Frost und Hitze*

Aprilenglut
tut selten gut.

Aprilreif ist Gift für die Felder.

## *Mond*

Mondhelle Nächte im April
schaden der Baumblüte viel.

## *Tiere*

Aprilenwärme und Regen
machen den Schnecken die Wege.

Maikäfer, die im April schwirren,
müssen meist im Mai erfrieren.

Schafe und Bienen
haben im April ihr Leid.

Siehst du im April
die Falter tanzen,
kannst du getrost
im Garten pflanzen.

Wenn der April wie ein Löwe kommt,
so geht er wie ein Lamm.

Wenn die Frösche quaken im April,
noch Schnee und Regen kommen will.

Wenn im April
die Maikäfer fliegen,
bleiben die meisten im
Schmutz später liegen.

### *Pflanzen*

Der April macht die Blum'
und der Mai hat den Ruhm.

Im April – wächst das Gras in Füll.

Im April wächst das Gras ganz still.

Je früher im April
die Schlehen blühen,
desto früher die Schnitter
zur Ernte ziehen.

Schießt im April das Gras,
bleibt der Maimond kühl und naß.

Wächst das Gras schon im April,
steht's dafür im Maien still.

## LOSTAGE IM APRIL

### *1.*

Den ersten April mußt übersteh'n,
dann kann dir manches Gut's gescheh'n.

### *2. Rosamunde*

Sturm und Wind an Rosamunde
bringt gute Kunde.

### *4. Ambrosius*

St. Ambrosius man Zwiebeln säen muß.

Erbsen säe Ambrosius
so tragen sie reich
und geben gut Mus.

Ist Ambrosius schön und rein,
wird St. Florian milder sein.

Ambrosius
schneit oft den Bauern auf den Fuß.

Wer an St. Ambros Zwiebeln sät,
dem seine Arbeit wohl gerät.

### *10. Ezechiel*

Leinsamen sä' an St. Ezechiel,
dem 100. Tag nach Neujahr,
so gedeiht er wunderbar.

### *14. Tiburtius*

Tiburtius ist des Bauern Freund,
doch nur, wenn auch der
Kuckuck schreit.

Tiburtius kommt mit Sang und Schall,
er bringt den Kuckuck
und die Nachtigall.

Auf Tiburtiustag
alles grünen mag.

## *24. Georg, Fidelis*

Zu St. Georg soll sich's Korn so recken,
daß sich kann eine Krähe verstecken.

Gewitter am St.-Georgs-Tag
ein kühles Jahr bedeuten mag.

Auf St. Georgen muß man die
Kuh von der Wiese jagen,
denn die Wiese geht ins Heu,
ist St. Georgentag vorbei.

Um Georgi gehen die Wiesen ins Heu.

Auf St. Georgens Güte
seh'n alle Bäum in Blüte.

Ist Georgi warm und schön,
wird man noch rauhes Wetter seh'n.

Wenn am Georgitag die Sonne scheint,
werden viel Äpfel.

Vor Georgi trocken –
nach Georgi naß.

Wenn es friert an St. Fidel,
bleibt's 15 Tag' noch kalt und hell.

## *25. Markus*

So lange die Frösche vor Markus
Konzerte veranstalten,
so lange müssen sie nachher
die Mäuler halten.

St. Georg und St. Marks,
die drohen oft noch Arg's.

Leg erst nach Markus Bohnen,
er wird's dir reichlich lohnen.

Gibt's an Markus Sonnenschein,
so bekommt man guten Wein.

Wenn's Markus warm ist,
wird's dann kalt.

## *27. Petrus der Märtyrer*

Auf des hl. Peters Fest
sucht der Storch sein Nest.

Hat St. Peter das Wetter schön,
kannst du Kohl
und Erbsen sä'n.

## *28. Vitalis*

Friert's am Tag von St. Vital,
friert es wohl noch 15mal.

# Mai, *Wonnemonat*

April und Mai
sind die Schlüssel
zum ganzen Jahr.

Der Mai ist selten so gut –
er setzt dem Zaun einen Hut.

Der Mai kommt gezogen
wie der November verflogen.

Der Mai lockt ins Frei'.

Der Mai,
zum Wonnemonat erkoren,
hat den Reif
noch hinter den Ohren.

Des Maien Mitte
hat für den Winter noch eine Hütte.

Ein kühler Mai wird hoch geacht',
hat stets
ein fruchtbar' Jahr gebracht.

Ein kühler Mai
bringt allerlei.

Ein rechter Mai fürwahr,
das ist der Schlüssel zum ganzen Jahr.

Erst Mitte Mai
ist der Winter vorbei.

Es wird kommen der Mai,
der wird fragen: hast du auch Heu?
Ja, hätt ich Stroh,
so wär ich froh.

Im Mai atmet man frei.

Im Mai geschoren
ist neugeboren.

Im Mai soll
der Weidmann ausschlafen,
und der Förster die Augen
nicht zutun.

Kühler Mai bringt allerlei,
gut Geschrei, Gras und Heu.

Mailuft
bringt die Toten aus der Gruft.

So wie der Mai
werden Obst und Heu.

Trockener Mai –
dürres Jahr.

Trockener Mai –
Wehgeschrei,

Trockener Mai
bringt Dürre herbei.

Wenn am ersten Mai
der Wald grünt, so ist an Jakobi
die Ernte zu hoffen.

Wenn der Mai
den Maien bringet,
ist es besser,
als wenn er ihn findet.

Will der Mai ein Gärtner sein,
trägt er nicht
in Scheunen ein.

Willst du wissen des
Weines Frommen,
so laß den Mai
zu Ende kommen.

Wenn der Mai
ein Gärtner ist,
dann ist er auch
ein Bauer.

## *Sonne*

Sonnenfinsternis im Mai
führt trockenen Sommer herbei.

## *Tau und Regen*

Abendtau und Kühl' im Mai
bringen Wein und vieles Heu.

Auf nassen Mai
kommt trock'ner Juni herbei.

Genug Regen im Mai
gibt dem ganzen Jahr
Brot und Heu.

Ist's im Mai recht kalt und naß,
haben die Maikäfer wenig Spaß.

Mai ohne Regen,
fehlt's allerwegen.

Maienfrische und Maientau,
Trauben am Rebstock
und Heu auf den Wiesen.

Maienregen auf Saaten
bedeuten Dukaten.

Mairegen auf die Saaten –
dann regnet es Dukaten.

Mairegen bringt Segen,
da wächst jedes Kind,
da wachsen die Blätter,
die Blumen geschwind.

Maitau macht grüne Au,
Mairegen bringt Segen.

Maitau macht grüne Au:
Maifröste unnütze Gäste.

Nasser Mai
bringt trockenen Juni herbei.

Regen im Mai
gibt fürs ganze Jahr Brot und Heu.

Stehend Wasser im Mai
bringt die Wiese ums Heu.

Wenn's im Mai viel regnet,
ist das Jahr gesegnet.

Zu nasser Mai
macht viel Geschrei und wenig Heu.

## *Nebel*

Gibt's im Mai der Nebel viel,
fehlt's an Äpfel und Birnen zum Spiel.

## *Blitz und Donner*

Das Jahr fruchtbar sei,
wenn's viel donnert im Mai.

Donner im Mai
führt großen Wind herbei.

Donnert es im Mai recht viel,
hat der Bauer gewonnen Spiel.

Gewitter im Mai
bringt Früchte herbei.

Viel Gewitter im Mai
singt der Bauer Juchhei.

## *Hagel, Eis und Schnee*

Es ist kein Mai so gut –
er schneit dem Schäfer auf den Hut.

Weißer Mai, weißer September.

## *Sturm und Wind*

Den Maien voll Wind
begehrt das Bauerngesind'.

Im Mai viel Wind
begehrt des Bauern Gesind'.

Mai kühl und windig,
macht die Scheune
voll und pfündig.

Nasser April und windiger Mai
bringen ein fruchtbares Jahr herbei.

Nordwind im Mai
bringt Trockenheit herbei.

Steht im Mai der Wind aus Süden,
ist uns Regen bald beschieden.

## *Frost und Hitze*

Ein heißer Mai ist des Todes Kanzlei.

Ist der Mai heiß und trocken,
kriegt der Bauer kleine Brocken;
ist er aber feucht und kühl,
dann gibt's Frucht und Futter viel.

Maienfrost
Blüten und Früchten das Leben kost'.

Nachtfröste im Mai schädlich sind,
gut hingegen sind die Wind'.

## *Tiere*

Ein Bienenschwarm im Mai
ist wert ein Fuder Heu;
aber ein Schwarm im Juni
lohnt kaum die Müh'.

Ist's im Mai recht kalt und naß,
haben die Maikäfer wenig Spaß.

Sind der Maikäfer und Raupen viel,
steht eine reiche Ernte am Ziel.

Kann sich am Maientag ein Rabe
im Korn verstecken,
dann zu Johannis ein Knabe.

Maikäferjahr – ein gutes Jahr.

Schwärmt die Biene schon im Mai
gibt bestimmt es sehr viel Heu.

Wenn im Mai
die Laubfrösche knarren,
magst du wohl
auf Regen harren.

Wenn im Mai
die Wachteln schlagen,
läuten sie von Regentagen.

## *Pflanzen*

Blüht vor Mai der Schlehendorn,
reift noch vor Jakobi das Korn;
blüht er aber spät im Mai,
steht es schlecht um Korn und Heu.

Der Frost,
der kommt im Mai'n,
ist schädlich
dem Hopfen und Wein,
den Bäumen, dem Korn
und dem Lein.

Der Mai bringt
Blumen dem Gesichte
aber dem Magen
keine Früchte.

Im Mai ein warmer Regen
bedeutet Früchtesegen.

Nesseln wachsen
im Mai ohne Saaten,
ohne Pflug und ohne Spaten.

Wer am Maiabend
setzt Bohnen,
dem wird's lohnen.

Wer Hafer sät im Mai,
der hat viel Spreu.

# LOSTAGE IM MAI

## *1. Philippus und Jakobus*

Zu Philipp und Jakob Regen,
bedeutet viel Erntesegen.

Wenn zu Walpurgis
der Schlehdorn blüht,
wird zu Jakobi der Kornschnitt.

Den ersten Mai
fährt man den Ochsen ins Heu.

Taut es am 1. Mai,
gibt's den ganzen Monat
keinen mehr.
Windet's am 1. Mai,
dann das ganze Jahr.

Wenn der 1. Mai schellt, grünt das Feld.

## *3. Kreuzauffindung*

Wie's Wetter am Kreuzauffindungstag,
bis Himmelfahrt es bleiben mag.

Hl. Kreuztag naß,
wächst nirgends Gras.

Wenn es am heiligen Kreuztag regnet,
werden die Nüsse leer.

### *4. Florian*

Der Florian, der Florian
noch einen Schneehut
setzen kann.

### *7. Stanislaus*

Weint Tränen der Stanislaus,
tut uns das nicht leid;
werden blanke Heller
daraus über kurze Zeit.

Wenn naht der hl. Stanislaus,
sollen die Kartoffeln raus.

### *10. Gordian*

Florian und Gordian
richten oft noch Schaden an.

Gordian – man nicht trauen kann.

### *Die Eisheiligen*

11. Mamertus, 12. Pankratius,
13. Servatius, 14. Bonifatius,
15. Sophie, 16. Johannes Nepomuk

Mamertus und Pankratius
und hinterher Servatius
sind gar gestrenge Herrn.

Mamerz, Pankraz, Servazi,
das sind drei Lumpazi.

Pankratius und Servatius,
die bringen Kälte und Verdruß.

Die drei „Azius"
sind strenge Herren,
sie ärgern Gärtner und Winzer gern.

Der heilige Mamerz
hat von Eis ein Herz;
Pankratius hält den Nacken steif,
sein Harnisch klirrt
von Frost und Reif;
Servatius' Hund der Ostwind ist,
hat schon manch' Blümlein
totgeküßt.

Pankraz, Servaz, Bonifaz
schaffen Eis und Frost gern Platz,
und zum Schluß fehlt nie
die kalte Sophie.

Wenn's an Pankrazi regnet,
so fallen die Birnen herunter,
und wären sie mit Eisendraht
an den Baum gebunden.

Wenn es am Pankratiustag schön ist,
so ist es ein gutes Zeichen zu einem
schönen und reichen Herbst.

Vor Servaz kein Sommer –
nach Servaz kein Frost.

Servaz und die kalte Sophie
müssen vorüber sein,
will der Bauer
vor Nachtfrost sicher sein.

Erst wenn Servazi vorüber,
kommt der Sommer.

Sophie –
Flachs wächst bis ans Knie.

Kalte Sophie sät Lein
zu gutem Gedeih'n.

Vitus spricht: Sä Lein –
oder laß es sein.

## *25. Urban*

Wie sich's Wetter
an Urban verhält,
so ist's noch 20 Tag' bestellt.

Die Witterung auf St. Urban
zeigt des Herbstes Wetter an.

Ist am Urbanstag das Wetter schön,
so wird man
volle Weinstöck' seh'n.

St. Urban hell und rein
segnet die Fässer ein.

St. Urban
säe Flachs und Hanf.

Auf Urban muß man
Bohnen legen,
so gedeihen sie zum Segen.

## *31. Petronella*

Ist es klar an Petronell'
meßt den Flachs ihr
mit der Ell'.

Sä Flachs zu Petronell,
so wächst er schnell.

## *Christi Himmelfahrt*

Regen an Himmelfahrt –
vierzig Tag' seiner Art.

Scheint auf Himmelfahrt
die Sonne,
bringt der Herbst uns
große Wonne.

Um Himmelfahrt
kommen die Gewitter zurück.

Der Bauer, nach der alten Art,
trägt seinen Pelz bis Himmelfahrt,
und tut ihm dann der Bauch noch weh,
so trägt er ihn bis Bartholomä.

Pfingsten tut selten gut,
diese Regel fasse in deinem Mut.

Nasse Pfingsten –
fette Weichnachten.

Regnet's am Pfingstsonntag,
so regnet's sieben Sonntag'.

Wenn's an Pfingsten regnet,
wird keine Frucht gesegnet.

Bis Pfingsten laß den Pelz
nicht fahren,
nach Pfingsten ist's gut,
ihn zu bewahren.

## *Pfingsten*

Regnet es am Pfingsttag,
dann bringt es Plag'.

Ein Wind,
der von Ostern bis
Pfingsten regiert,
im ganzen Jahr
sich wenig verliert.

## *Fronleichnam*

Regnet's am Fronleichnamstag,
regnet's noch vier Wochen nach.

Fronleichnam schön und klar
sagt an ein gutes Jahr.

# Juni, *Brachmond*

Auf den Juni kommt es an,
ob die Ernte soll bestahn.

Bleibt der Juni kühl,
wird's dem Bauern schwül.

Ein Feuer und ein Kessel drauf,
das ist des Junis bester Lauf.

Ist der Brachmond warm und naß,
gibt's viel Korn
und noch mehr Gras.

Juni feucht und warm
macht keinen Bauern arm.

Juni trocken mehr als naß
füllt mit gutem Wein das Faß.

Michel, im Juni greif zur Sichel.

Soll gedeihen Korn und Wein,
muß im Juni Wärme sein.

Stellt der Juni mild sich ein,
wird mild auch der Dezember sein.

Stellt der Juni mild sich ein,
wird's auch der September sein.

Was bis September soll geraten,
das muß schon im Juni braten.

Was im Juni nicht wächst,
gehört in den Ofen.

Wenn der Juni kühl und trocken,
gibt's was in die Milch zu brocken.

Wenn naß und kalt der Juni war,
verdirbt er meist das ganze Jahr.

Wettert der Heuet
mit großem Zorn,
bringt er dafür auch reichlich Korn.

## *Sonne*

Soll Feld und Garten
wohl gedeih'n,
dann braucht's
im Juni Sonnenschein.

Vor finst'rer Sonne in der Blüte
der liebe Gott das Korn behüte!

## *Tau und Regen*

Brachmonat kalt und naß
leert Scheuer, Küch' und Faß.

Brachmond naß
leert Scheuer und Faß.

Der Rosenmond feucht und warm,
kommt zugute Reich und Arm.

Fällt Juniregen in den Roggen,
so bleibt der Weizen
auch nicht trocken.

Im Juni bleibt man gerne steh'n,
um nach dem Regen auszuseh'n.

Juni kalt und naß
bringet keinem was.

Juni naß – viel Bodengras.

Juni verdirbt das ganze Jahr,
wenn er kalt und regnig war.

Juniregen bringt reichen Segen.

Juniregen reichster Segen.
Lacht die Sonne, Wein der Wonne.

Juniregen und Brauttränen
dauern so lange wie's Gähnen.

Kalter Juniregen
bringt Wein und Honig
keinen Segen.

Viermal Juniregen
bringt zwölffachen Segen.

Was es in die Rosen regnet,
wird den Feldern mehr gesegnet.

Wenn's im Juni viel regnet,
ist der Graswuchs gesegnet.

*Blitz und Donner*

Bläst der Juni ins Donnerhorn.
so bläst er ins Land das gute Korn.

Gibt's im Juni Donnerwetter,
wird auch das Getreide fetter.

Im Juni ein Gewitterschauer
macht gar froh
das Herz dem Bauer.

Im Juni viel Donner
bringt fruchtbaren Sommer.

Juni viel Donner,
verkündet trüben Sommer.

Viel Donner im Juni
bringt ein fruchtbares Jahr.

## *Sturm und Wind*

Menschensinn und Juniwind
ändern sich oft gar geschwind.

Nordwind, der im Juni weht,
nicht im besten Rufe steht,
kommt er an mit kühlem Gruß,
bald Gewitter folgen muß.

Wenn im Juni Nordwind geht,
kommt Gewitter oft recht spät.

Wenn im Juni Nordwind weht,
das Korn zur Ernte trefflich steht.

Wenn Nordwind weht im Junius,
gar bald Gewitter folgen muß.

## *Frost und Hitze*

Bringt der Juni trock'ne Glut,
dann gerät der Wein uns gut.

Ein Nachtfrost noch im Junius
macht ohn' Ausnahm' viel Verdruß.

Junihitz' und Dezemberkält',
mit beiden ist es gleich bestellt.

Wenn die Nacht
zu längen beginnt,
dann die Hitze
am meisten zunimmt.

Wie die Junihitze sich stellt,
so stellt sich auch
die Dezemberkält'.

## *Mond*

Neumond und Vollmond im Juni
bringen Standwetter.

## *Tiere*

Wenn im Juni
die Bremsen stechen,
dann lauf mit dem Rechen.

## LOSTAGE IM JUNI

### *1. Fortunat*

Schönes Wetter auf Fortunat,
ein gutes Jahr zu bedeuten hat.

### *8. Medardus*

Hat Medardus am Regen Behagen,
will er ihn auch in die Ernte jagen.

Auf Medard
wird der Flachs wie ein Haar.

Macht Medardus feucht und naß,
regnet's ohne Unterlaß.
Schier dasselbe gelten mag,
von St. Margaretens Tag.

Macht Medardus naß,
so regnet es ohn' Unterlaß.

### *10. Margarete*

Hat Margarete keinen Sonnenschein,
dann kommt das Heu nie trocken ein.

### *11. Barnabas*

Wenn Barnabas bringt Regen,
so gibt es auch viel Traubensegen.

Auf Barnabe die Sonne weicht,
auf Lucia sie wieder
zu uns schleicht.

Barnabas
sorgt fürs Gras.

St. Barnabas macht,
wenn er günstig ist,
wieder gut, was verdorben ist.

St. Barnabas
schneidet das Gras.

### *13. Antonius von Padua*

Wenn St. Anton gut Wetter lacht,
St. Peter viel in Wasser macht.

### *15. Vitus*

Ist zu St. Veit der Himmel klar,
dann gibt's gewiß ein gutes Jahr.

Die Nachtigall singt nur
bis Vitustag.

Nach St. Veit ändert sich die Zeit,
alles geht auf die andere Seit'.

St. Veit
legt sich das Blatt auf die Seit'.

St. Veit –
dann ändert sich die Zeit,
dann fängt das Laub zu stehen an,
dann haben die Vögel
das Legen getan.

Regnet's an Veit,
Gerste nicht leid't.

St. Veit hat längsten Tag,
die heilige Lucia macht's mit der
Nacht ihm nach.

Wer dem Veit nicht traut,
kriegt kein Kraut.

### *16. Benno*

Wer auf Benno baut,
kriegt viel Flachs und Kraut.

### *18. Gervasius*

Wenn es regnet auf St. Gervasius,
es vierzig Tage regnen muß.

### *24. Johannes der Täufer*

Wie's Wetter
zu Johanni war,
so bleibt's wohl
vierzig Tage gar.

An St. Johanni Abend
leg die Zwiebel in ihr kühles Bett.

Geben die Johanniswürmchen
ungewöhnlich viel Licht,
so ist schönes Wetter in Sicht.

Am Johannismorgen
ist Gerst' und Hafer
noch nicht geraten,
noch nicht verdorben.

St. Johannis Regengüsse
verderben die besten Nüsse.

Vor Johanni bitt um Regen,
nachher kommt er ungelegen.

Von St. Johann
läuft die Sonne winteran.

Vor Johanni ein Kräutl,
nach Johanni ein Kraut.

Vor Johanni
müssen die Priester
um Segen bitten,
nach Johanni
kann man's selber.

Was es vor Johanni regnet,
kommt dem Bauer in den Sack;
was es aber nach Johanni regnet,
geht wieder hinaus.

Vor Johannistag
keine Gerste man loben mag.

Vor Johanni
macht man Gras
in die Weide,
nach Johanni heraus.

Johanni gibt dem Obst das Salz,
Jakobi das Schmalz.

Regen am Johannistag,
nasse Ernt' man erwarten mag.

### *27. Siebenschläfer*

Ist der Siebenschläfer naß,
regnet's ohne Unterlaß.

Ist Siebenschläfer ein Regentag,
regnet's sieben Wochen
noch danach.

Wie's Wetter war
am Siebenschläfertag,
so bleibt es
sieben Wochen lang danach.

### *29. Peter und Paul*

Regnet's an Peter und Paul,
wird des Winzers Ernte faul.

Peter und Paul brechen den Halm ab,
nach vierzehn Tagen
schneiden wir's ganz ab.

Ist's an Peter-Pauli klar,
hoffe auf ein gutes Jahr.

Nach Peter und Paultag
reift das Korn auch bei Nacht.

St. Peter und St. Paul
machen dem Korn
die Wurzel faul.

## Juli, *Heumond*

Der Juli bringt die Sichel
für Hans und Michel.

Früher Sommer – später Hunger.

Im Juli will der Bauer
lieber schwitzen,
als untätig hinter
dem Ofen sitzen.

Im Juli muß braten,
was im Herbst soll geraten.

Ist's im Juli recht hell und warm,
friert's um Weihnachten Reich und Arm.

Juli schön und klar
gibt ein gutes Bauernjahr.

Was der Juli verbricht,
rettet der September nicht.

Was du an einem Tag
versäumest im Julei,
schaffen zehn Tage
im August nicht herbei.

Was Juli und August nicht kochen,
kann der September nicht braten.

Was Juli und August nicht taten,
läßt der September ungebraten.

Was nicht gut im Juli steht,
im September nicht gerät.

Wenn gedeihen soll der Wein,
muß der Juli trocken sein.

Wenn naß und kalt
der Juli war,
verdirbt er meist
das ganze Jahr.

Wer im Heuet nicht gabelt,
in der Ernte nicht zappelt,
im Herbste nicht früh aufsteht,
seh' zu, wie's ihm im Winter geht.

Wer im Juli sich regen tut,
sorget für den Winter gut.

## *Sonne*

Des Juli warmer Sonnenschein
macht alle Früchte reif und fein.

Die Julisonne arbeitet für zwei.

Im Juli recht viel Sonnenschein,
wird jedem Bauern
willkommen sein.

Juli Sonnenbrand –
gut für Leut' und Land.

Julisonnenschein
wird der Ernte nützlich sein.

Julisonnenstrahl
gibt eine gute Rübenzahl.

So golden im Juli
die Sonne strahlt,
so golden sich der Roggen mahlt.

Wenn die Sonne
in den Löwen geht,
die größte Hitze
alsdann entsteht.

### *Wolken*

Juliwolken – fette Molken.

### *Tau und Regen*

Fällt im staubigen Juli
zeitig Regen,
ist's für die Natur
von reichem Segen.

Hört der Juli mit Regen auf,
geht leicht ein Teil der Ernte drauf.

Juli kühl und naß –
leere Scheunen, leeres Faß.

Juliregen
nimmt den Erntesegen.

Regnet's zum Juli hinaus,
guckt der Bauer nicht gern
aus dem Haus.

Wechselt im Juli
Regen und Sonnenschein,
wird im nächsten Jahr
die Ernte reichlich sein.

Wenn der Juli fängt zu tröpfeln an,
wird man lange Regen han.

Wenn's im Juli
bei Sonnenschein regnet,
man viel giftigem
Mehltau begegnet.

### *Blitz und Donner*

Bei Donner man im Julius
viel Regen noch erwarten muß.

Die Donnerwetter
sind dem Juli keine Schande.

Donnert's viel im Julius,
gibt's später
manchen Regenguß.

Ein tüchtig Juligewitter
ist gut für Winzer und Schnitter.

Julidonner
füllt die Grummetkammer.

Wenn's im Juli nicht
donnert und blitzt,
wenn im Juli
der Schnitter nicht schwitzt,
der Juli dem Bauer nicht nützt.

Wettert der Juli mit großem Zorn,
bringt er dafür reichlich Korn.

## *Hagel, Eis und Schnee*

So selten wie ein Kopf ohne Nagel,
so selten ein Juli ohne Hagel.

## *Frost und Hitze*

Bringt der Juli heiße Glut,
so gerät September gut.

Im Juli schwitzen –
im Dezember sitzen.

Juli heiß –
lohnt Müh' und Schweiß.

Juli trocken und heiß –
Januar kalt und weiß.

Juli viel Glut macht alles gut.

Nur in der Juliglut
gedeihen Wein und Getreide gut.

Juli heiß und schwül,
braucht der Bauer der Hände viel.

## *Tiere*

Baut im Juli
die Ameis' groß den Hauf',
folgt ein strenger Winter drauf.

Im Juli ruft die Wachtel die
Schnitter in das Feld.

Wenn die Schwalben
jetzt schon ziehen,
sie vor der baldigen Kälte fliehen.

Wenn im Juli
die Immen noch bauen,
mußt dich nach
Holz und Torf umschauen.

## *Pflanzen*

Weizen schneid, wenn er gülden,
Roggen, wenn er weiß ist.

## LOSTAGE IM JULI

### *2. Mariä Heimsuchung*

Regnet's am Tag
unserer lieben Frauen,
da sie das Gebirg' tät beschauen,
so wird sich
das Regenwetter mehren
und 40 Tage nacheinander währen.

### *4. Ulrich*

Regen am St.-Ulrichs-Tag
macht die Birnen stichig-mad'.

Wenn's am Ulrichstag donnert,
fallen die Nüsse vom Baum.

Ulrich und Veit
tun nie wie die Leut'.

### *8. Kilian*

Kilian, der heilige Mann,
stellt die ersten Schnitter an.

St. Kilian
ist der rechte Rübenmann.

An St. Kilian
säe Wicken und Rüben an.

### *10. Siebenbrüder*

Regnet's am Siebenbrüdertag,
so hat man sieben Wochen Regenplag'.

Wenn es sieben Brüder nicht regnet,
so gibt's eine trock'ne Ernte.

Das Wetter auf Sieben Brüder
geht erst nach
sieben Wochen wieder.

### *13. Margareta*

St. Margaret führt die
Schnitter ins Korn.

Bringt Margarete Regenzeit,
verdirbt der Most weit und breit.

Hat Margit keinen Sonnenschein,
dann kommt das Heu
nicht trocken ein.

Die erste Birn' bricht Margaret,
darauf überall die Ernt' angeht.

Am Margaretentage
ist Regen eine Plage.

Margaretenregen
bringt keinen Segen.

### *17. Alexius*

Regen an Alexe wird zur alten Hexe.

### *20. Margarethe*

Regen am Margarethentag
sagt dem Hunger guten Tag.

Hat Margret keinen Sonnenschein,
kommt das Heu nie trocken ein.

Regnet's am Margarethentag,
folgt noch viel mehr Regen nach.

### *22. Magdalena*

Maria Magdalena weint um ihren Herrn,
drum regnet es an diesem Tage gern.

### *23. Apollinarius*

Klar muß Apollinarius sein,
soll sich der Bauer freu'n.

### *25. Jakobus der Ältere*

Ist Jakobus am Ort,
zieh'n die Störche bald fort.

Jakobi warm und Sonnenschein,
wird Weihnacht kalt und trocken sein.

Wenn's schön ist auf St. Jakobs Tag,
viel Frucht man sich versprechen mag.

Nach Jakobi gehen die Störche.

Jakobi ohne Regen
sieht strengem Winter entgegen.

Es witter, wie es witter,
Jakobi bringt die Schnitter.

Drei Tage vor Jakobi Regen
bringt keinen guten Erntesegen.

St. Jakob schüttet's Mehl
in den Backtrog.

Januarsonne
hat weder Kraft noch Wonne.

An Jakobi Regen
stört den Erntesegen.

Wenn Jakobi kommt heran,
man den Roggen schneiden kann.

Um Jakobi heiß und trocken,
kann der Bauersmann frohlocken.

### *26. Anna*

St. Anne leert aus die Kanne.

Ist St. Anna erst vorbei,
kommt der Morgen kühl herbei.

St. Anna klar und rein,
wird bald das Korn geborgen sein.

Wie die Hundstage eingehen,
so gehen sie aus.

Was die Hundstage gießen,
muß die Traube büßen.

Werfen die Ameisen auf am Annentag,
ein strenger Winter folgen mag.

## *Hundstage vom 23. Juli bis 24. August*

Hundstage hell und klar
deuten auf ein gutes Jahr;
werden Regen sie bereiten,
kommen nicht die besten Zeiten.

Hundstag' klar – gutes Jahr.

Was die Hundstage gießen,
muß die Traube büßen.

Hundstage heiß – Winter lange weiß.

Wie das Wetter,
wenn der Hundsstern aufgeht,
so wird's bleiben, bis er untergeht.

# August, *Erntemond*

Der August ist Winters Anfang.

Der August reift –
der September greift.

Im August ist gut Ährenlesen.

Ist die erste Augustwoche warm,
so gibt es einen rauhen Winter.

Der August vergeht,
indem der Bauer mäht.

Der Bauer nicht gern schaut,
wenn's im August mehltaut.

Ein trockener August des Bauern Lust.

Gibt's im August keine Garben,
wird man im Winter darben.

Was der August nicht kocht,
das kann der September
nicht mehr braten.

Wenn's der August nicht kocht,
bratet's der September nimmer.

Wer schläft im August,
der schläft
zu seinem eigenen Verlust.

Will der August
dem Winzer nicht lachen,
so kann der September
nicht viel mehr machen.

## *Sonne*

Augustsonne,
die schon sehr früh brennt,
nimmt nachmittags
kein gutes End'.

Viel August-Sonnenschein
bringt guten Wein.

## *Tau und Regen*

Der Tau ist dem August so not,
wie jedermann sein täglich Brot,
doch zieht er auf zum Himmel,
herab kommt ein Getümmel.

Ein Regen im August
ist für den Wald Erquickungslust.

Es pflegt im August beim ersten Regen
die Hitze sich zu legen.

Im August der Morgenregen
wird vor Mittag noch sich legen.

Im August viel Regenschauer
ist Verdruß für jeden Bauer.

Je dichter der Regen im August,
je dünner wird der Most.

Je dünner die Regentropfen
im August,
je dünner der Most.

Nasser August macht teure Kost.

Stellt im August sich Regen ein,
so regnet es Honig
und guten Wein.

Wenn's im August nicht regnet,
ist der Winter mit Schnee gesegnet.

Wenn's im August
ohne Regen abgeht,
das Pferd mager
vor der Krippe steht.

Wenn's im August viel tauen tut,
dann bleibt zumeist das Wetter gut.

## *Nebel*

Nebel im August,
ein kalter Winter.

Im August ein Höhenrauch –
folgt ein strenger Winter auch.

## *Blitz und Donner*

Dem August sind Donner
nicht Schande,
sie nützen der Luft und dem Lande.

Fängt der August mit Donner an,
er's bis zum End' nicht lassen kann.

Wettert es viel im Monat August,
du nassen Winter erwarten mußt.

Nordwinde im August
bringen beständiges Wetter.

Im August Wind aus Nord
jagt Unbeständigkeit fort.

Stürmt es im August,
so gibt es weder Wein noch Most.

## *Sturm und Wind*

Weht Augustmond aus dem Nord,
hält das Wetter dauernd an;
zieh'n die Störche jetzt schon fort,
rückt der Winter bald heran.

Wenn im August
der Nordwind weht,
das Wetter lange schön besteht.

## *Frost und Hitze*

August freundlich und heiß,
so bleibt der Winter lange weiß.

August ohne Feuer
macht das Brot teuer.

Fängt der August mit Hitze an,
bleibt auch lang die Schlittenbahn.

Ist der August heiß,
wird der Winter streng und weiß.

Ist der August im Anfang heiß,
wird der Winter streng und weiß;
stellen sich Gewitter ein,
wird's bis Ende auch so sein.

Ist's in der ersten
Augustwoche heiß,
bleibt der Winter lange weiß.

Macht der August
den Menschen heiß,
geraten sie leicht
in großen Schweiß.

Macht der August uns heiß,
bringt der Winter viel Eis.

### *Tiere*

Wenn die Schwalben
jetzt schon zieh'n,
sie vor naher Kälte flieh'n.

### *Pflanzen*

August reift die Beere,
September hat die Ehre.

August soll sein
ein Augentrost,
macht zeitig
Korn und Most.

Einer Rebe und einer Geiß
wird's im August nie zu heiß.

## LOSTAGE IM AUGUST

### *1. Petri Kettenfeier*

Ist's von Petri bis Lorenz heiß,
dann bleibt der Winter
lange weiß.

### *4. Dominikus*

Hitze an St. Dominikus –
ein strenger Winter kommen muß.

### *5. Mariä Schnee, Oswald, Afra*

Regen an Mariä Schnee
tut dem Korn tüchtig weh.

Oswaldtag muß trocken sein,
sonst werden teuer Korn und Wein.

An St. Afra Regen
ist dem Bauern ungelegen.

### *10. Laurentius*

Nach Laurenzi Ehr'
wächst das Holz nicht mehr.

Ab Laurentius
man pflügen muß.

Lorenz steht beim Bauern in Gnaden,
weil die Gewitter
nicht mehr schaden.

St. Lorenz – erster Herbsttag.

Laurentius heiter und gut
einen schönen Herbst verheißen tut.

An Laurentius man pflügen muß.

Kommt Laurentius her,
wächst das Holz nicht mehr.

Ist der Lorenz gut und fein,
wird es auch die Traube sein.

Ab Laurentius
man pflügen muß.

Petrus ist bis Laurentius heiß,
dann bleibt der Winter
lange weiß.

Ist's Wetter an St. Lorenz schön,
so läßt ein guter Herbst
sich sehn.

Laurentius heiter und gut
einen schönen Herbst
verheißen tut.

## *13. Kassian*

Wie das Wetter an Kassian,
hält es mehrere Tage an.

## *15. Mariä Himmelfahrt*

Leuchten vor Mariä Himmelfahrt
die Sterne,
dann hält sich das Wetter gerne.

Hat unsere Frau gut Wetter
wenn sie zum Himmel fährt,
gewiß sie guten Wein beschert.

Um Mariä Himmelfahrt,
das wisse,
gibt's die ersten Nüsse.

Wer Rüben will,
recht gut und zart,
sä sie an Mariä Himmelfahrt.

Wie das Wetter
am Himmelfahrtstag,
so der ganze Herbst
sein mag.

Wie das Wetter
am Himmelfahrtstag,
so es noch zwei Wochen
sein mag.

### *16. Rochus*

Wenn St. Rochus
trübe schaut,
kommen die Raupen
in das Kraut.

Bartholomä
treibt das Kraut in die Höh.

Freundlicher
Barthel und Lorenz
machen den Herbst zum Lenz.

### *24. Bartholomäus*

Wettert es an St. Bartholomä,
kommt bald Hagel oder Schnee.

Sind Lorenz
und Barthel schön,
bleiben die Kräuter lange
noch stehen.

Bleiben die Störche
noch nach Bartholomä,
so kommt ein Winter,
der tut nicht weh.

Bartholomä – wer Korn hat, der sä,
wer Gras hat, der mäh,
wer Hafer hat, der rech,
wer Äpfel hat, der brech.

*28. Augustinus*

An Augustin
zieh'n die Wetter hin.

Um die Zeit
von Augustin
zieh'n die
warmen Tage hin.

Regen
an St. Bartholomä
tut den
Trauben weh.

*30. Felix*

Bischof Felix zeigt an,
was wir in 40 Tag' für Wetter han.

# September, *Herbstmond, Scheiding*

Der September
entspricht dem März,
wie Juni dem Dezember.

Der September
ist der Mai des Herbstes.

Durch Septembers heiter'n Blick
schaut nochmals der Mai zurück.

Ein warmer September
ist des Jahres Spender.

Fällt das Laub zu bald,
wird der Herbst nicht alt.

Frische Septemberluft
den Jäger zum Jagen ruft.

Ist der September lind,
ist der Winter ein Kind.

Ist der September
warm und klar,
so hoffen wir
auf ein fruchtbar Jahr.

Lieber im September heuen
als im Maien.

Naß vor Micheli –
vor Christtag.

Nie hat der September
zu braten vermocht,
was ein ungünstiger August
nicht gekocht.

Septemberfleiß
zu ernten weiß.

Septemberwärme dann und wann,
zeigt einen harten Winter an.

Septemberwetter warm und klar,
verheißt ein gutes nächstes Jahr.

Soll September den Bauern erfreu'n,
so muß er gleich dem Märze sein.

Warme Nächte bringen
Herrenwein –
bei kalten Nächten wird er
sauer sein.

Warmer und trockener
Septembermond,
mit reifen Früchten
reichlich belohnt.

Was der Juli verbrach,
holt der September nicht nach.

Was im September soll geraten,
muß bereits der Juni braten.

Wie im September
tritt der Neumond ein,
so wird das Wetter
den Herbst durch sein.

## *Tau und Regen*

Am Septemberregen
ist dem Bauern viel gelegen.

Im September kommt der Regen
wohl dem Bauern stets gelegen;
doch wenn er den Winzer trifft,
ist er grad' so gut wie Gift.

Im September Wässerung
ist der Wiesen Besserung.

Ist der September reich an Regen,
gereicht das Naß der Saat zum Segen.

Septembers Anfang mit Regen
kommt allezeit
den Bauern gelegen.

Septemberregen
ist für Saat und Vieh gelegen.

## *Nebel*

Viel Nebel im September
über Tal und Höh'
bringen im Winter tiefen Schnee.

## *Blitz und Donner*

Donner im September,
dann folgt noch ein Sommer.

Donnert's im September noch,
liegt der Schnee
zu Weihnacht hoch.

Nach Septembergewittern wird
man im Februar vor Kälte zittern.

Septemberdonner prophezeit
vielen Schnee zur Weichnachtszeit.

Später Donner hat die Kraft,
daß er viel Getreide schafft.

## *Frost und Hitze*

Im September
schwitzen –
im Dezember sitzen.

Wenn der September noch donnern kann,
setzen die Bäume viel Blüten an.

## *Sturm und Wind*

Wer im Herbst hell' Wetter will,
hat der Winde im Winter viel.

## *Tiere*

Geht der Hirsch
naß in die Brunst,
so kommt er trocken heraus.

Sind die Krähen nicht mehr weit,
ist's zum Säen höchste Zeit.

Sitzen die Birnen fest am Stiel,
bringt der Winter Kälte viel.

Wenn im September
viel Spinnen kriechen,
sie einen harten Winter riechen.

## *Pflanzen*

Baumblüten im Spätjahr
deuten auf ein gutes Jahr.

Späte Rosen im Garten,
schöner Herbst –
und der Winter läßt warten.

Viel Eicheln im September –
viel Schnee im Dezember.

Willst du auf das Wetter achten,
mußt du im Herbstmond
die Eichäpfel betrachten:
Haben sie Maden,
wird's Jahr wohl geraten;
haben sie Fliegen,
wirst ein Mitteljahr kriegen;
haben sie Spinnen,
wird ein schlecht' Jahr beginnen;
sind sie innerlich schön und trocken,
wächst im Sommer
viel Weizen und Roggen.

Wird das Obst sehr langsam reif,
gibt's im Winter statt Eis nur Reif.

# LOSTAGE IM SEPTEMBER

## *1. Ägidius, Verena*

Ist's an St. Ägidi rein,
wird's so bis Michaelis sein.

Willst du Korn im Überfluß,
sä es an Egidius;
wenn du's säst ins freie Land,
vor und nach
des Neumonds Stand,
wächst kein Unkraut
und kein Brand.

Wenn St. Ägidius bläst ins Horn,
so heißt es, Bauer sä dein Korn.

An Aegidius man säen muß.

Bringt Ägidius 'n schönen Tag,
so folgt ein schöner Herbst danach.

Gib auf Ägiditag wohl acht:
er sagt dir, was der Monat macht.

Kommt Verena
mit dem Krüglein an,
zeigt einen nassen Herbst dies an.

### *6. Magnus*

St. Mang
macht's Grummet nimmer lang,
aber dick.

An St. Mang
sät der Bauer den ersten Strang.

### *7. Regine*

Ist Regine warm und wonnig,
bleibt das Wetter lange sonnig.

### *8. Mariä Geburt*

Wie sich's Wetter
an Mariä Geburt tut verhalten,
so wird's sich
weitere vier Wochen gestalten.

Mariä Geburt
zieh'n die Schwalben furt.

Maria geborn –
Bauer, sä dein Korn!

An Mariä Geburt
fliegen die Schwalben furt;
bleiben sie da,
ist der Winter nicht nah.

### *9. Gorgon*

St. Gorgon
treibt die Lerchen davon.

Regnet's an St. Gorgons Tag,
den ganzen Herbst es regnen mag.

Bringt St. Gorgon Regen,
folgt ein Herbst mit bösen Wegen.

### *11. Protus*

Wenn's an Protus nicht näßt,
ein dürrer Herbst
sich erhoffen läßt.

### *16. St. Cyprian, Ludmilla*

An St. Cyprian
zieht man oft schon Handschuh' an.

St. Ludmilla, das fromme Kind,
bringt gern Regen und viel Wind.

*17. Lambert*

Trocken wird das Frühjahr sein,
ist St. Lambert klar und rein.

Lamberti nimm Kartoffeln heraus,
doch breite ihr Kraut
auf dem Felde aus;
der Boden will für seine Gaben,
doch ihr Gerippe wieder haben.

*21. Matthäus*

Wie's Matthäus treibt,
es vier Wochen bleibt.

Matthäus macht Tag und Nacht gleich.

Matthies macht die Birnen süß.

Tritt Matthäus ein,
soll die Saat vollendet sein.

Tritt Matthäus stürmisch ein,
wird's bis Ostern Winter sein.

Wenn Matthäus weint statt lacht,
aus dem Wein er Essig macht.

*22. Mauritius*

Zeigt sich klar Mauritius
viele Stürm' er bringen muß.

*25. Kleophas*

Nebelt's an St. Kleophas,
wird der ganze Winter naß.

*29. Michael*

Wenn die Vögel nicht ziehen
vor Michaeli, wird's nicht Winter
vor Weihnachten.

Vor Michael
sä mit der halben Hand –
dann aber streu mit der ganzen Hand.

Fallen die Eicheln vor Michaeli ab,
so steigt der Sommer früh ins Grab.

Michel nemmt d' Sichel.

Zu Michael ist alles feil.

Regen am Michaelstag
einen milden Winter bringen mag.

Michaeliswein wird süß und fein.

Regen auf St. Michaels Tag
gelinden Winter geben mag.

Um Michaeli, in der Tat,
gedeiht die beste Wintersaat.

Zu Michaeli rauher Wind,
wird der Winter nicht gelind.

Michael mit Nord und Ost
verkündet scharfen Winterfrost.

# Oktober, *Weinmond, Gilbhart*

Im Oktober räum den Garten;
denn willst du warten,
so kommt die Kälte
und nimmt die Hälfte.

Ist im Oktober das Wetter hell,
bringt es her den Winter schnell.

Ist Oktober warm und fein,
kommt ein scharfer Winter hinterdrein;
ist er aber naß und kühl,
mild der Winter werden will.

Oktober Nordlicht, glaub es mir,
verkündet harten Winter dir.

Oktober rauh – Januar flau.

Oktober und März
gleichen sich allerwärts.

Oktober,
der fröhliche Wandersmann,
er pinselt Wald, Weide
und Hecken an.

Oktobers Ende
reicht Allerheiligen die Hände.

Oktoberwetter warm und hell,
bringt kalten Wind und Winter hell.

Warmer Oktober bringt fürwahr
uns sehr kalten Februar.

Wenn der Oktober linde war,
folgt ein kalter Februar.

Wenn im Oktober das Wetter leuchtet,
noch mancher Sturm
den Acker feuchtet.

Wie der Oktober wittert,
so der März ausfüttert.

### *Sonne*

Herrscht im Oktober
zuviel die Sonn',
hat in der Fasnacht
die Kält' ihr' Wonn'.

Oktober-Sonnenschein
schüttet Zucker in den Wein.

### *Tau und Regen*

Bringt der Oktober viel Regen,
so ist's für die Felder ein Segen.

Viel Regen im Oktober
und November,
bringen einen windreichen
Dezember.

Wie im Oktober die Regen hausen,
so im Dezember die Stürme brausen.

Zu Ende Oktober Regen,
bringt ein fruchtbar Jahr zuwegen.

### *Nebel*

Im Oktober der Nebel viel –
bringt der Winter Flockenspiel.

Im Oktober viel Nebel auf der Höh',
bringen im Dezember oft viel Schnee.

Viel Nebel im Oktober –
viel Schnee im Winter.

## *Blitz und Donner*

Gewitter im Oktober künden,
daß du wirst nassen Winter finden.

## *Hagel, Eis und Schnee*

Schneit's im Oktober gleich,
dann wird der Winter weich.

Bringt der Oktober
schon Schnee und Eis,
ist's schwerlich im Januar kalt und weiß.

Fällt der erste Schnee in den Schmutz,
vor strengem Winter kündet er Schutz.

Oktobergewitter sagen beständig,
der kommende Winter
sei wetterwendig.

Oktoberschnee
tut Pflanz' und
Tieren weh.

## *Sturm und Wind*

Im Oktober Sturm und Wind
uns den frühen Winter künd't.

## *Frost und Hitze*

Bringt Oktober Frost und Wind,
wird der Januar gelind.

Im Oktober viel Frost und Wind –
ist der Winter wie ein Kind.

Wenn's im Oktober
friert und schneit,
bringt der Jänner milde Zeit,
wenn's aber donnert und wetterleucht',
der Winter dem April
an Launen gleicht.

## *Sterne*

Oktoberhimmel voller Sterne,
hat warme Öfen gerne.

## *Tiere*

Ist der Oktober kalt und klar,
erfrieren die Raupen fürs nächste Jahr.

Nichts kann mehr
vor Raupen schützen
als Oktobereis in Pfützen.

Oktober kalt –
tötet's Ungeziefer bald.

Oktobermück'
bringt keinen Sommer zurück.

Trägt der Has'
im Oktober sein Sommerkleid,
so ist der Winter wohl noch weit.

## *Pflanzen*

Bleibt's Laub am Ast,
viel Ungeziefer zu fürchten hast.

Fällt im Oktober
das Laub sehr schnell,
ist der Winter bald zur Stell'.

Hält der Baum die Blätter lang,
macht ein später Winter bang.

Hält der Oktober das Laub,
liegt zu Christnacht noch Staub.

Hält der Oktober das Laub,
wirbelt auf Weihnacht der Staub.

Sitzt im Oktober das Laub
noch fest am Baum,
fehlt ein strenger Winter kaum.

Späte Rosen im Garten
lassen den Winter noch warten.

Wenn die Bäume zweimal blühen,
wird der Winter lang sich ziehen.

## LOSTAGE IM OKTOBER

### *1. Remigius*

Regen an St. Remigius
bringt für den ganzen Mond Verdruß.

### *2. Leodegar*

Fällt das Laub auf Leodegar,
so ist das nächste ein fruchtbar Jahr.

### *9. Dionys*

Regnet's an St. Dionys,
wird der Winter naß gewiß.

### *15. Theresia*

Zu Theres
beginnt die Weinles'.

### *16. Gallus*

Ab St. Hedwig und St. Gall
schweigt der Vögel
Sang und Schall.

Gießt St. Gallus wie ein Faß,
wird der nächste Sommer naß.

Auf St. Gallustag
nichts mehr draußen
bleiben mag.

Wenn Gallus kommt,
hau ab den Kohl,
er schmeckt im Winter
trefflich wohl.

Auf St.-Gallen-Tag
muß jeder Apfel in seinen Sack.

Wenn St. Gallus Regen fällt,
der Regen sich bis Weihnacht hält.

Nach dem Tag St. Gall
bleibt die Kuh im Stall.

Auf St. Galles
soll daheim sein alles.

St. Gall –
ernt die Rüben all.

Gießt St. Gallus wie ein Faß,
ist der nächste Sommer naß;
ist er trocken, folgt vom Sommer
noch ein Brocken.

## *17. Hedwig*

Hedwig und Galle,
machen das
schöne Wetter alle.

Hedwige
gibt Zucker in die Rübe.

## *18. Lukas*

Um St. Lukastag soll das Korn
schon in die Stoppeln gesät sein.

Wer an Lukas Roggen streut,
es im Jahr darauf nicht bereut.

Wer in der Lukaswoche
Roggen streut,
es nicht in nächster Ernt' bereut.

Ist Lukas mild und warm,
kommt ein Winter,
daß Gott erbarm'.

## *21. Ursula*

Ursula bringt's Kraut herein,
sonst schneien Simon und Juda drein.

Ursula räumt's Kraut rein,
sonst schneit's drein.

## *23. Severin*

Wenn's Severin gefällt,
bringt er mit die erste Kält'.

## *25. Krispin*

Mit Krispin sind alle Fliegen dahin.

## *28. Simon, Judas*

Wenn Simon Judä schaut,
so pflanze Bäume, schneide Kraut.

Schneid ab das Kraut,
bevor es Juda klaut.

Wer Weizen säet am Simonstage,
dem trägt er gold'ne Ähren ohne Frage.

Simon und Judas
fegen's Laub in die Gass'.

Wenn zu uns Simon und Judas wandeln,
wollen sie mit dem Winter handeln.

Ist Simon und Judas vorbei,
so rückt der Winter herbei.

Simon und Juda,
die zwei,
führen oft den Schnee herbei.

## *31. Wolfgang*

St. Wolfgang Regen,
verspricht ein Jahr voll Segen.

# November, *Windmond, Nebelung*

Der Mai kommt so gezogen,
wie der November verflogen.

Der rechte Bauer weiß es wohl,
daß im November
man wässern soll.

Im November Mist fahren,
soll das Feld
vor Mäusen bewahren.

Ist der November kalt und klar,
wird trüb und mild der Januar.

Kalter November
und fruchtreif Jahr,
sind vereinigt immerdar.

November tritt oft hart herein —
muß nicht viel dahinter sein.

November trocken und klar
bringt wenig Segen
fürs nächste Jahr.

Wenn im November
die Wasser schwellen,
gibt's im Frühling viel Wellen.

Wenn im November die Wasser steigen,
so werden sie sich
im ganzen Winter zeigen.

Wenn im November
die Wasser steigen,
wird sich im Frühjahr
viel Regen zeigen.

Wenn's Unwetter
im November nicht will,
kommt es sicher im April.

### *Sonne*

November-Morgenrot
mit langem Regen droht.

### *Tau und Regen*

Im November viel naß –
auf den Wiesen viel Gras.

Novemberwasser
auf den Wiesen,
dann wird das Gras
im Lenz gepriesen.

Viel Regen im November,
viel Wind im Dezember.

Wenn der November
regnet und frostet,
dies der Saat das Leben kostet.

## *Blitz und Donner*

Hat der November
zum Donnern Mut,
wird das nächste Jahr wohl gut.

Novemberdonner hat die Kraft,
daß er viel Getreide schafft.

Novemberdonner
schafft guten Sommer.

Wenn der November
blitzt und kracht,
im nächsten Jahr
der Bauer lacht.

Wenn im November
der Donner rollt,
wird dem Getreide Lob gezollt.

## *Hagel, Eis und Schnee*

Je mehr Schnee im November fällt,
um so fruchtbringender
wird das Feld.

Hat der November
einen weißen Bart,
dann wird der Winter
lang und hart.

Novemberschnee
auf nassem Grund,
bringt gar schlechte Erntestund'.

Novemberschnee
tut der Saat nicht weh.

Schneit's im November gleich,
so wird der Winter weich.

Viel Novemberschnee –
viel Korn und Klee.

## *Frost und Hitze*

Friert im November
zeitig das Wasser,
dann ist's im Januar
um so nasser.

### *Sterne*

Wenn im November
die Stern' stark leuchten,
läßt dies auf bald
viel Kälte deuten.

### *Pflanzen*

Wenn im November
die Bäume blüh'n,
wird sich der Winter lang hinzieh'n.

Baumblüt' im November gar,
noch nie ein gutes Zeichen war.

Blühen im November
die Bäume aufs neu,
währet der Winter bis zum Mai.

Fällt im November das Laub
sehr früh zur Erden,
soll ein feiner Sommer werden.

Ist im November
die Buche im Saft,
viel Nässe dann
der Winter schafft.

Sitzt November fest im Laub,
wird der Winter hart, das glaub.

Steht im November
der Buche Holz im Saft,
so wird der Regen stärker
als der Sonne Kraft;
ist es aber starr und fest,
sich große Kälte erwarten läßt.

## LOSTAGE IM NOVEMBER

### *1. Allerheiligen*

Wenn's Allerheiligen schneit,
lege deinen Pelz bereit.

Allerheiligenreif
macht den Winter stark und steif.

Allerheiligen – Sommer,
Allerseelen – Winter.

Allerheiligen klar und helle,
sitzt der Winter
auf der Schwelle.

Bringt Allerheiligen einen Winter,
so bringt Martini einen Sommer.

Schnee am Allerheiligentag
selten lange liegen mag.

Alle Heiligen sehen sich
nach dem Winter um.

Allerheiligen kalt und klar
macht zu Weihnacht alles starr.

### *4. Karl Borromäus*

Wenn's an Karolus
stürmt und schneit,
dann lege deinen Pelz bereit
und heiz im Ofen wacker ein –
bald zieht die Kälte
bei dir ein.

### *11. Martin*

Hat Martin einen weißen Bart,
wird der Winter lang und hart.

St. Martin ist ein guter Mann,
er bringt die Bratgans uns heran.

Kommt Martini heran,
hat der Bauer das Dreschen getan.

Ist der Martin hell,
kommt der Winter schnell.

St. Martin setzt sich schon mit Dank
am warmen Ofen auf die Bank.

Bringt St. Martin Sonnenschein,
tritt ein kalter Winter ein.

St. Martin reitet gern
auf weißem Pferd.

Hat Martini weißen Bart,
dann wird der Winter lang und hart.

Schneit es über Martin ein,
wird eine weiße Weihnacht sein.

Ist um Martin
der Baum schon kahl,
macht der Winter keine Qual.

Um Martin schlachtet
der Bauer sein Schwein,
das muß bis zu Lichtmeß
gefressen sein.

Kehrt Martin ein,
ist jeder Most schon Wein.

Wenn um Martini Regen fällt,
ist's um den Weizen
schlecht bestellt.

Bei fetter Gans
und Saft der Reben
laß den heil'gen
Martin leben.

Ist Martini hell,
kommt der Winter schnell.

Wenn die Gäns' zu Martini
auf dem Eise steh'n,
so müssen sie Weihnacht
im Kote geh'n.

Bringt St. Martin Sonnenschein,
tritt ein kalter Winter ein.

Kehrt Martin ein,
ist jeder Most schon Wein.

### *15. Leopold*

Der heilige Leopold
ist dem Altweibersommer hold.

### *19. Elisabeth*

St. Elisabeth zeigt an,
was der Winter für ein Mann.

### *21. Mariä Opferung*

Mariä Opferung ist klar und hell,
macht den Winter streng
und ohne Fehl.

### *23. Klemens*

Dem heil'gen Klemens traue nicht,
denn selten zeigt er
ein mild Gesicht.

### *25. Katharina*

Wie das Wetter an Kathrein,
wird der nächste Hornung sein.

Wie der Tag zu Katharina,
so wird der nächste Januar.

Wer eine Gans zum Essen mag,
beginn zu mästen sie am Katharinentag.

Ist an Kathrein das Wetter matt,
kommt im Frühjahr spät
das grüne Blatt.

Wie St. Kathrein,
wird's Neujahr sein.

Um die Zeit von St. Kathrein
wintert's gerne ein.

## *26. Konrad*

Noch niemals stand ein Mühlenrad
an Konrad,
weil er Wasser hat.

Andris
kommt der Schnee gewiß.

Andreasschnee
tut den Saaten weh.

## *30. Andreas*

Wenn es an Andreas schneit,
der Schnee
hundert Tage liegenbleibt.

Andreas hell und klar
bringt ein gutes Jahr.

Schau in der Andreasnacht,
was für Gesicht das Wetter macht:
so wie es ausschaut,
glaub's fürwahr,
bringt's gutes oder schlechtes Jahr.

Hält St. Andrä den Schnee zurück,
so schenkt er reiches Saatenglück.

# Dezember, *Christmond*

Auf einen dunklen Dezember
folgt ein fruchtbares Jahr.

Bleibt im Dezember
der Winter fern,
so nachwintert es gern.

Christmond launisch und lind –
der ganze Winter ein Kind.

Christmond im Dreck,
macht der Gesundheit ein Leck.

Dezember warm –
daß Gott erbarm.

Ein kalter Dezember
und fruchtbares Jahr
sind vereinigt immerdar.

Entsteigt der Rauch
gefrorenen Flüssen,
ist auf große Kält' zu schließen.

Es folgte noch allzeit
und immerdar
auf kalten Dezember
ein fruchtbar Jahr.

Geht der Dezember auf,
so gibt's 'n
wetterwend'schen Lauf.

Ist der Winter warm,
wird der Bauer arm.

Ist's in den zwölf Nächten mild,
sind sie milden Winter Bild.

Kalter Dezember – zeitiger Frühling.

Kalter Dezember
mit recht viel Schnee,
wächst im Jahr darauf
viel Frucht und Klee.

Kalter Dezember und fruchtbar Jahr
sind vereinigt immerdar.

So kalt im Dezember,
so heiß im kommenden Juni.

Trockener Dezember,
trockenes Frühjahr
und trockener Sommer.

Von Weihnachten bis Dreikönigstag
aufs Wetter man wohl achten mag.
Ist's regen-, nebel-, wolkenvoll,
viel Krankheit er erzeugen soll;
leb mit Vernunft und Mäßigkeit,
bist du vor allem Wetter gefeit.

Wenn der Christmond bricht,
so ist der Winter ein Wicht.

Wenn die Kälte in der
ersten Adventswoche kommt,
hält sie zehn Wochen an.

Wenn dunkel der Dezember war,
dann rechne auf ein gutes Jahr.

Wenn es vor Weihnachten
nicht vorwintert,
so wintert es im Frühjahr nach.

Wenn man den Winter soll loben,
so muß er frieren und toben.

Wenn's nicht vorwintert,
so wintert's nach.

Wenn's nicht wintert,
sommert's auch nicht.

Wie der Dezember pfeift,
so tanzt der Juni.

Wie der Dezember,
so der Frühling.

Wie sich die Witterung
zum Christtag bis
Heilig drei König' verhält,
so ist das ganze Jahr bestellt.

Dezember mild mit viel Regen,
ist für die Saat
kein großer Segen.

Dunkler Dezember
deutet auf ein gutes Jahr,
ein nasser aber
macht es unfruchtbar.

Ist der Dezember mild
mit viel Regen,
dann hat das nächste Jahr
wenig Segen.

## *Nebel*

Nebel vor Weihnachten ist Brot,
Nebel nach Weihnachten ist Tod.

Winternebel
bringt bei Ostwind Tau,
der Westwind trägt ihn
aus der Au.

## *Blitz und Donner*

Donnert's im Dezember gar,
kommt viel Wind das nächste Jahr.

Donnert's ins leere Holz,
wird's schneien ins Laub.

## *Hagel, Eis und Schnee*

Schnee im Dezember
dauert den ganzen Winter.

Auf kalten Dezember
mit tüchtigem Schnee
folgt ein fruchtbares Jahr
mit üppigem Klee.

Wenn es Weihnachten flockt
und stürmt auf allen Wegen,
das bringt den Feldern Segen.

Christmond kalt mit Schnee
gibt Korn auf jeder Höh.

Dezember kalt mit Schnee –
niemand sagt O weh!
Dezember warm –
daß Gott erbarm.

Dezemberwärme hat Eis dahinter.

Je dicker das Eis
um Weihnacht liegt,
je zeitiger der Bauer
Frühling kriegt.

Je dunkler es
überm Dezemberschnee war,
je mehr leuchtet Segen
im künftigen Jahr.

Je tiefer der Schnee,
um so höher der Klee.

Weihnachten Schnee –
Ostern Klee.

Weiße Weihnachten,
grüne Ostern.

Weißer Dezember,
viel Kälte darein,
bedeutet,
das Jahr soll fruchtbar sein.

## *Sturm und Wind*

Ist's windig an den Weihnachtstagen,
werden die Bäume viel Früchte tragen.

Sturm im Dezember und Schnee,
dann schreit der Bauer Juchhe.

Viel Wind und Nebel
in Dezembertagen
schlechten Frühling
und schlechtes Jahr ansagen.

Weht Dezemberwind aus Ost,
bringt er den Kranken
schlechten Trost.

Wenn der Wind zu Vollmond tost,
folgt ein langer, kalter Frost.

Wenn Winde wehen im Advent,
dann wird uns reiche Ernt' geschenkt.

### *Frost und Hitze*

Herrscht im Advent recht strenge Kält,
sie volle achtzehn Wochen hält.

Im Dezember Frost,
im Jänner Kälte;
im Feber wieder Frost,
ist halber Dünger.

Im Dezember
sollen Eisblumen blüh'n,
Weihnachten sei nur
auf dem Tische grün.

Rauhfrost auf der Flur
milder Witt'rung Spur.

### *Pflanzen*

Fließt im Dezember
noch Birkensaft,
kriegt der Winter keine Kraft.

Wenn im Dezember der Weinstock
trocken eingefriert,
so kann er mehr Kälte vertragen
als ein Fichtenbaum.

## LOSTAGE IM DEZEMBER

### *1. Eligius*

Fällt zu Eligius ein kalter Wintertag,
die Kälte wohl vier Monde dauern mag.

## *4. Barbara*

Barbara im weißen Kleid
verkündet gute Sommerzeit.

Zweige schneiden zu St. Barbara,
Blüten sind bis Weihnachten da.

Wie der Barbaratag, so der Christtag.

## *6. Nikolaus*

Regnet's an St. Nikolaus,
wird der Winter streng und graus.

St. Nikolaus
spült die Ufer aus.

## *13. Luzia*

Kommt die heilige Luzia,
ist die Kälte auch schon da.

St. Luzia
schläft gern lang.

St. Luzia kürzt den Tag,
soviel sie ihn
nur kürzen mag.

## *17. Lazarus*

Ist St. Lazarus nackt und bar,
gibt's einen gelinden Februar.

## *21. Thomas*

Wenn St. Thomas dunkel war,
gibt's ein schönes neues Jahr.

## *24. Heiligabend*

Ist Weihnachten gelind,
im Januar die Kält' beginnt.

Christnacht hell und klar
künd't ein fruchtbar Jahr.

Ist die Christnacht hell und klar,
folgt ein höchst gesegnet Jahr.

Bis Weihnacht gibt es
Speck und Brot,
nachher kommt Kält und Not.

Bis Weihnacht Juchhe,
nach Weihnacht O weh.

Wenn's Heiligabend
schön und klar,
sind nächstes Jahr
die Scheunen laar.

Wenn Winde wehen im Advent,
dann wird uns
reiche Ernt' geschenkt.

Weihnachten dauert
nicht bis Ostern.

Zu Weihnachten
gibt's keine Ostereier.

Weihnachten im grünen Kleid
hält für Ostern Schnee bereit.

Weihnachten mögen die Bauern
Schweine schlachten.

Wenn's Christkindlein
Regen weint,
vier Wochen keine Sonne scheint.

Wer sein Holz
um Weihnachten fällt,
dem sein Gebäude zehnfach hält.

Wird es in der Christnacht schneien,
kann sich der Hopfenbauer freuen.

Nach Weihnachten kommt Fasten.

Bringt das Christkind
Kält' und Schnee,
drängt das Winterkorn in d' Höh'.

Wie sich die Witterung von Christtag
bis Heilig Drei König verhält,
so ist das ganze Jahr bestellt.

Ist's zu Weihnachten warm und lind,
kommt zu Ostern Schnee und Wind.

## *25. Christfest*

Fallen in der Christnacht Flocken,
der Hopfen sich
wird gut bestocken.

## *26. Stephanus*

Windstill muß St. Stephanus sein,
soll der nächste Wein gedeih'n.

Bringt St. Stephan Wind,
die Winzer nicht fröhlich sind.

## *31. Silvester*

Wind in der Silvesternacht,
wenig Hoffnung aufs Jahr macht.

III

# Tages- und Jahreszeiten

E. P.

# Das Jahr

Das Jahr hat 365 Tage.

Das Jahr hat 52 Wochen.

Das Jahr ist lang, der Tage sind viel,
und der Mahlzeiten noch viel mehr.

Das Jahr wirkt mit dem,
was es hat.

Ein Jahr erfordert
viele Stücke Brot.

Es gibt mehr Tage im Jahr
als Getreidehaufen.

Es ist keine Kunst, den Kalender
zu machen, wenn's Jahr vorbei ist.

Frühling erneut, Sommer erfreut,
Herbst bereicht, Winter schleicht.

Frühling verehrt, Sommer ernährt,
Herbst erfüllt, Winter verhüllt.

Frühling begehrt, Sommer ernährt,
Herbst bewährt, Winter verzehrt.

# Morgen und Abend, Tag und Nacht

Abendrot – Gutwetterbot.

Abendrot backt Brot.

Abendrot bei West
gibt dem Frost den Rest.

Abendrot
gibt ein gut Morgenbrot.

Abendrot und
Morgenhell
sind ein guter Reisegesell'.

Abends rot ist morgens gut,
morgens rot tut selten gut.

Am Morgen erkennt man den Tag.

Auf einen trüben Morgen
folgt ein heiterer Tag.

Der Abend rot und weiß das Morgenlicht,
dann trifft uns böses Wetter nicht.

Der Morgen grau, der Abend rot,
ist ein guter Wetterbot.

Je finstrer die Nacht,
je heller der Morgen.

Je wärmer der Abend,
je mehr quaken die Frösche.

Schöne Nächte – trübe Tage.

Der Abend rot, der Morgen grau,
gibt das schönste Tagesblau.

Der düstere Morgen
gibt den hellsten Tag.

Schönes Wetter in Sicht,
wenn abends der Himmel rötlich ist.

Wenn es will Abend sein,
verliert die Sonne Hitz' und Schein.

# Frühling

Das Frühjahr frißt den Winter.

Der Frosch spricht vom Frühling.

Die Lerche verkündet
den Frühling.

Es lenzt nicht,
ehe es gewintert.

Es wird kein gut Wetter,
bevor unser Herrgott
nicht die Beine von der Erde hat
(Himmelfahrt).

Frühlingsregen
bringt Segen.

Im Lenze Sonnenfinsternis
gibt wenig Korn,
doch Wein gewiß.

Jeder Frühling
bringt neue Lieder.

Kein Frühling ohne Winter.

Lenz kühl und naß
füllt Scheuer und Faß.

Lerchen und Rosen
bringen des Frühlings Kosen.

März trocken, April naß,
Mai lustig, von beiden was,
bringt Korn in'n Sack
und Wein ins Faß.

Später Frühling,
früher Winter.

Trauert im Frühjahr das Feld,
so lacht im Herbst die Scheune.

Viel Nebel im Frühjahr –
viel Regen im Sommer.

Viel Schnee,
den uns der Lenz entfernte,
läßt zurück uns reiche Ernte.

Wenn im Frühling das Gewölk
in die Berge treibt,
dann gibt's gut Wetter.

Wer im Frühjahr nicht säet,
wird im Spätjahr nicht ernten.

Wer im Frühling
den Pflug trocken hinausfährt,
bringt ihn naß
im Herbste herein.

Wer im Frühling Kerne legt,
hat im Winter Bäume.

# Sommer

Auf die schönsten Sommertage
folgen die größten Wetter.

Auf einen heißen Sommer
folgt ein strenger Winter.

Den Kuckuck und das Siebengestirn
sieht man nicht beisammen.

Denk an den Winter,
weil's noch Sommer ist.

Der Sommer dauert nicht
das ganze Jahr.

Der Sommer hat auch kalte Tage.

Der Sommer ist ein Werber,
Der Winter ein Verderber.

Der Wein gärt,
wenn die Trauben blühen.

Die Sommermast ist die beste.

Ein schöner Tag
macht keinen Sommer.

Eine Lerche, die singt,
noch keinen Sommer bringt;
doch rufen Kuckuck
und Nachtigall,
so ist es Sommer überall.

Eine Mücke
macht keinen Sommer.

Eine Schwalbe
bringt keinen Sommer.

Es ist nur ein Sommer im Jahr.

Es kann nicht immer
Sommer sein,
drum sammelt der Kluge
für den Winter ein.

Fliegen und Freund'
kommen im Sommer.

Früher Sommer,
schlechte Ernte.

Im Frühjahr Spinnweben
auf dem Felde,
gibt einen schwülen Sommer.

Im Sommer haben
die Hähne rote Kämme.

Im Sommer kalt, im Winter warm,
gibt eine Ernte, daß Gott erbarm.

Ist's in den ersten
Wochen Sommer,
ist der Winter kein frommer.

Kühler Sommer,
kalter Herbst.

Kurzem Sommer
geht ein früher Lenz voran.

Ist der Sommer vorbei, ist's zu spät,
Ähren sammeln zu gehn.

Man muß im Sommer sammeln,
was man im Winter haben will.

So lange die Gurken blühen,
hat niemand Zeit, krank zu sein.

Sommerregen und Mehltau
sind gute Freunde.

Wenn der Heubaum klappert,
schreit der Kuckuck nimmer.

Wenn der Kuckuck schweigt,
beginnt die Lerche.

Wenn die Nachtigall
Heuhaufen sieht,
hört sie auf zu schlagen.

Wer im Sommer das Holz nicht
verbrennt, wird im Winter nicht frieren.

Wer im Sommer nicht will schneiden,
muß im Winter Hunger leiden.

Wer zur Ernte schläft,
wacht im Winter auf.

Zum ersten das Gras,
dann die Ähren,
danach der volle Weizen
in den Ähren,
dann das Einsammeln
in die Scheune.

# Herbst

Auf warmen Herbst folgt meist
ein langer Winter.

Der Herbst kommt früh genug,
wenn er gute Früchte bringt.

Der Tau tut dem August so not,
wie jedermann das täglich Brot.

Die Herbstfieber
sind die schlimmsten.

Ein Herbst, der warm und klar,
ist gut fürs nächste Jahr.

Fällt das Laub zu bald,
wird der Herbst nicht alt.

Herbstgewitter bringen Schnee,
doch dem nächsten Jahr kein Weh.

Im Herbst muß man nicht mehr
von Rosen und Tulpen träumen.

Ist beim Herbst
das Wetter naß,
ist auch bald gefüllt
das Glas.

Man muß
schon im Herbst
an die Christbescherung
denken.

Man soll herbsten,
solange Herbstzeit ist.

Sind leer die Felder,
so geht's an die Kelder.

Wachsen die Schatten,
flicht Körbe und Matten,
verschließe die Latten,
vertilge die Ratten.

Warmer, feuchter Herbst –
langer Winter;
heller Herbst –
windiger Winter.

Wenn der Kohl gerät,
verdirbt das Heu.

Willst du aufs Wetter
im Jahre achten,
mußt im Herbstmond
die Eichäpfel betrachten:
haben sie Maden,
wird's Jahr wohl geraten;
haben sie Fliegen,
wirst ein Mitteljahr kriegen;
haben sie Spinnen,
wird ein schlecht Jahr beginnen;
sind sie innerlich schön
und trocken,
wächst im Sommer
viel Weizen und Roggen;
aber wenn sie naß befunden,
tun sie auch nassen Sommer erkunden;
Sind die Eichäpfel viel und früh,
bringt der Winter groß Kält',
Schnee und Müh'.

# Winter

Bleibt der Winter fern,
so nachwintert es gern.

Der Winter frägt,
was der Sommer verdient hat.

Der Winter hat ein großes Maul.

Der Winter ist ein böser Gast.

Der Winter sieht oft
dem Sommer in die Karten.

Der Winter verzehrt,
was der Sommer beschert.

Der Winter
ist des Sommers Erbe.

Die Wintersonne scheint wohl,
aber wärmt nicht.

Ein früher Winter dauert lang.

Fängt der Winter früh an zu toben,
wird man ihn im Januar loben.

Früher Vogelgesang
macht den Winter lang.

Grüner Winter
macht den Kirchhof fett.

Im Winter beim Ofen,
im Sommer im Feld.

Im Winter hat der Bauer
allzeit blauen Montag.

Ist der Winter
hart und weiß,
wird der Sommer
schön und heiß.

Ist der Winter warm,
wird der Bauer arm.

Kurze Tage
und lange Nächte
verderben die Mägde
und Knechte.

Prasseln die Späne,
blühen die Pläne.

Wenn am Dach hangen
gefrorene Spitzen,
dann ist gut beim
Ofen sitzen.

Ein rauher Tag
macht den Winter nicht.

Wenn es nicht vorwintert,
so nachwintert es gern.

Wenn es nicht
wintern tut,
so wird der Sommer
selten gut.

Werden die Tage länger,
so wird die Kälte strenger.

Wie auch das Wetter
sich gestaltet –
beim Jahresschluß
die Hände faltet!

Winter und Sommer
reichen sich die Hände.

Winter weich –
Kirchhof reich.

Wintermist ist Sommerpfeffer.

# Die Wochentage

Dem Herrgott ist nicht zu traun',
sagt der Bauer
und fährt sein Heu zum Sonntag ein.

Der Sonntag regiert die Woche.

Es ist kein Sonntag so keck,
daß er die Sonne
den ganzen Tag versteck'.

Es ist kein Sonntag so quad,
die Sonne scheint früh und spat.

Regnet's über das Messebuch,
kriegt man die ganze Woche genug.

Sonntags Regen
und montags gut,
regnet es die Woche genug.

Sonntagswetter spukt Freitags vor.

Was der Sonntag
für Wetter wird han,
zeigt des Freitag Abend
schon an.

Wenn's am Sonntag regnet,
so regnet's die ganze Woche.

Der blaue Montag
führt zum grauen Dienstag.

Dunkler Montag –
helle Woche.

Der Donnerstag ist wunderlich,
der Freitag gar absunderlich.

Der Donnerstag kommt,
und die Woche ist vorbei.

Montagswetter
wird nicht Wochen alt.

Was am Montag anfängt,
wird nicht wochenalt.

Mittwoch ist gar kein Tag.

Donnerstag
steigt der Woch' aufs Dach.

Der Freitag
hält es nicht mit der Woche.

Der Freitag hat zwei Wetter.

Freitags Mittag
prägt uns ein,
wie Sonntag
wird das Wetter sein.

Wer freitags lacht,
wird sonntags
weinen.

Wie das Wetter am Freitage
so ist es auch am Sonntage.

Kein Sonnabend hat so wenig Glück,
die Sonne scheint einen Blick.

Wie Samstagabend,
so die nächste Woche.

IV

# Wetterpropheten in der Natur

# Sonne

Die Sonne scheint im Winter
so schön als im Sommer,
aber sie wärmt wenig.

Abendrot – Gutwetterbot.

Abendrot –
Ein guter Wetterbot';
Morgenrot –
Mit Regen droht.

Abendrot bei West
gibt dem Frost den Rest.

Abendrot und Morgenhell
sind ein guter Reisegesell'.

Der Abend rot, der Morgen grau,
gibt das schönste Tagesblau.

Der düstere Morgen
gibt den hellsten Tag.

Der Morgen grau,
der Abend rot,
ist ein guter Wetterbot'.

Der schönste Tag beginnt
mit einer stillen Morgenröte.

Die Morgenröte währt
nicht den ganzen Tag.

Die Sonne scheint
keinen Hunger ins Land.

Die Sonne vertreibt die Wolken.

Erst Sonne, dann Regen,
kann die Früchte bewegen.

Es ist umsonst das Feld bestellt,
wenn keine Sonne es erhellt.

Frühe Sonne
währet nicht lange.

Früher Sonnenschein
bringt abends Regen ein.

Geht die Sonne rot und feurig auf,
folgen Wind und Regen drauf.

Gott gibt Sonnenschein
für des Armen Brot
und des Reichen Wein.

Helle Morgenröte
bringt oft wüste Abendröte.

Heller Abend –
heitrer Morgen.

Heller Morgen, trüber Tag.

Ist's morgens rot
vorm Sonnenloch,
regnet's nicht, so windets doch.

Je drei Tag Sonne
und ein Tag Regen
gleicht aus in Nied'rung
und Höhe den Segen.

Morgenrot –
Abendkot.

Morgenrot mit Regen droht.

Morgenrot
bringt Kot,
Abendrot
bäckt Brot.

Morgenröte – gute Röte.

Morgenröte gibt Abendregen,
aber Abendröte
gibt Morgensegen.

Morgenröte und Abendröte
sind unstete;
Abendröte und Morgenröte,
die sind stete.

Morgensonne scheint nicht
den ganzen Tag.

Nach trübem Wetter
folgt Sonnenschein.

Roter Abend und brauner Morgen
sind des Pilgers Wunsch und Sorgen.

Schöpft die Sonne heute Wasser,
so gießt sie morgen das Bad aus.

Sobald die Sonne aufzieht,
halten die Frösche ihre Goschen.

Sonne warm
macht niemand arm.

Sonnenschein und Regen
bringt den Menschen Segen.

Viel und groß Geschein' –
sauer und wenig Wein.

Wenn die Sonne aufgeht,
ist's um Reif und Tau geschehen.

Wenn die Sonne scheint sehr bleich,
ist die Luft an Regen reich.

Wenn die Sonne
Wasser zieht,
gibt's bald Regen.

Wenn es will Abend sein,
verliert die Sonne
Hitz' und Schein.

Wenn kurz vor Vollmond
der Sonn' Aufgang neblig war,
wird's Wetter
in den nächsten Tagen
warm und klar.

Zeigt sich die Sonne erst
gegen den Untergang,
wird es am nächsten Tag regnen.

# Wolken

Alle Wolken regnen nicht.

Auf dicke Wolken folgt schweres Wetter.

Aus einer großen Wolke
kommt oft nur ein kleiner Regen.

Besser ein ordentlicher Regen
als ein stetes Tröpfeln.

Der Regen fällt nicht
aus den niedrigsten Wolken.

Der stärkste Regen
fängt mit Tropfen an.

Die Wolke, so donnert, muß regnen.

Ein kleiner Regen macht nicht naß.

Ein Tag Regen
tränkt sieben dürre Wochen.

Eine kleine Morgenwolke
macht oft ein großes Abendgewitter.

Eine kleine Wolke
kann großen Regen bringen.

Eine Wolke, die auf den Bergen liegt,
löst sich endlich in Regen auf.

Einer Wolke wegen,
kommt nicht gleich Regen.

Es ist kein Tag so schön,
man sieht ein Wölkchen gehn.

Es regnen nicht alle Wolken,
die am Himmel steh'n.

Es regnet nicht
aus jeder Wolke.

Fällt morgens Regen
wie feiner Staub,
an gut Wetter glaub.

Frühe Gäste geh'n auch früh,
Mittagsgäste bleiben
bis zum Abend.

Gäste, die nachmittags kommen,
bleiben gern über Nacht.

Glaube nicht,
wenn's regnet vor deinem Stall,
es regnet überall.

Hat der Berg einen Hut,
ist das Wetter gut.

Höhenrauch braun und dick
bricht dem Winter das Genick.

Je mehr Regen,
je mehr Dreck.

Je weißer die Schäfchen
am Himmel geh'n,
je länger bleibt das Wetter schön.

Ließe der Himmel
nicht Wasser regnen,
so wäre kein Wein.

Nach oben schau,
auf Gott vertrau,
nach Wolken
wird der Himmel blau.

Nicht immer kommt ein Regen,
wenn die Wolken sich bewegen.

Schäfchen, die hoch
am Himmel weiden,
immer nur gute Tage bedeuten.

Schöne Nächte – trübe Tage.

Schwarze Wolken,
schwere Wetter.

Starke Güsse
sind nicht von Dauer.

Starker Tau hält Himmel blau.

Trübe Wolken und großer Wind
selten ohne Regen sind.

Viel naß –
wenig ins Faß.

Wenn der Himmel
gezupfter Wolle gleicht,
das schöne Wetter
dem Regen weicht.

Wenn es sich wolket,
so will es regnen.

Wenn kleiner Regen will,
macht großen Wind er still.

Wenn Schäfchen
am Himmel stehen,
kann man ohne Schirm
spazieren gehen.

Wer auf die Wolken acht hat,
versteht sich wohl aufs Wetter.

Wer jede Wolke fürchtet,
taugt zu einem Bauer nicht.

Wer sich unter das Laub stellt,
wird zweimal naß.

Ziehen die Wolken
dem Wind entgegen,
gibt's am
anderen Tage Regen.

# Tau und Regen

Alle Wolken regnen nicht.

Auf Donner folgt Regen.

Auf Regen folgt Sonnenschein.

Aus einer großen Wolke
kommt oft nur ein kleiner Regen.

Besser ein ordentlicher Regen
als ein stetes Tröpfeln.

Der Regen fällt nicht
aus den niedrigsten Wolken.

Der stärkste Regen fängt
mit Tropfen an.

Die heiße Sonne
sticht nach einem Regen.

Ein guter Tau ist so viel wert
als ein schlechter Regen.

Ein kleiner Regen
macht nicht naß.

Ein kleiner Regen
dämpft ein großes Gewitter.

Ein Tag Regen
tränkt sieben dürre Wochen.

Ein trocken Jahr
gibt zwei nassen zu essen.

Ein trocken Jahr
ist nicht unfruchtbar.

Es tröpfelt, ehe es regnet.

Fällt morgens Regen
wie feiner Staub,
an gut Wetter glaub.

Frühregen entweicht,
eh die Uhr
auf Zwölfe zeigt.

Frühregen und Brauttränen
dauern solang wie's Gähnen.

Frühregen und frühe Gäste
bleiben selten über Nacht.

Glaube nicht, wenn's regnet
vor deinem Stall,
es regnet überall.

Gott segnet,
auch wenn es regnet.

Hat's an einem Sommermorgen
keinen Tau,
so macht der Bauer auch kein Heu.

Häufiger starker Tau
hält den Himmel blau.

Im Walde regnet's zweimal.

In dürren Jahren
mehrt sich das Ungeziefer.

Ist's in diesem Jahr trocken,
gibt's im nächsten guten Roggen.

Je mehr Regen, je mehr Dreck.

Kleine Regen machen auch naß.

Kleiner Regen
löscht großen Staub.

Ließe der Himmel
nicht Wasser regnen,
so wäre kein Wein.

Morgenrot bringt Abendregen.

Morgenrot
mit Regen droht.

Nach großer Dürre
kommt großer Regen.

Nach Schnee und Regen
kommt Segen.

Nachts Regen, tags Sonne
füllet Scheuer, Sack und Tonne.

Nicht jedes Froschgeschrei
zieht Regen herbei.

Ohne Regen
fehlt der Segen.

Regen bei Sturm und Wind
legt den Sturm geschwind.

Regen und Wind
wechseln geschwind.

Regen, der ins Wasser fällt,
macht nur Blasen.

Regenbogen am Abend
verheißt schönes Wetter.

Regenbogen am Morgen –
des Hirten Sorgen;
Regenbogen am Abend –
den Hirten labend.

Regenbogen übers Land,
regnet mor'n in alle Land.

Regenjahr – Heujahr,
warmes Jahr – Weinjahr.

Reif und Regen
begegnen sich auf den Stegen.

Schöpft die Sonn' heute Wasser,
so geust sie morgen das Bad aus.

Sieht man entfernte Berge
sehr klar und nah, regnet's bald.

Starke Güsse sind nicht von Dauer.

Starker Tau hält Himmel blau.

Steigt Nebel empor, steht Regen bevor.

Süd bringt Regen, Nordwind Dürre,
danach richte dein Geschirre.

Tönet hell der Glockenschlag,
und das Holz nicht brennen mag,
wenn Gebirge schwarz aussehn,
bleich erscheinen Himmelshöh'n,
Mond und Sonne
schwach nur schimmern,
und die Sterne blinken, flimmern,
wenn der Rauch nicht grade steigt,
Nässe sich am Salze zeigt,
wenn die Spinne sich verkriecht,
tief die Schwalb' am Boden fliegt,
wenn die Katzen
sich lecken und streichen,
das Vieh sich reibt an Hals und Weichen:
Dann, sei der Himmel noch so schön,
kommt Regen zu dir, du wirst es seh'n.

Ungestümer Regen kommt
aus vorübergehendem Wind
allewegen.

Viel Naß,
wenig ins Faß.

Viel Regen und wenig Schnee
tut Äckern und Bäumen weh.

Warmer Regen
macht die Pilze groß.

Wechselt Regen
und Sonnenschein,
wird im Herbste die Ernte
reichlich sein.

Wenn am Morgen
kein Tau gelegen,
warte bis Abend
auf sicheren Regen.

Wenn die Sonne
scheint sehr bleich,
ist die Luft
an Regen reich.

Wenn die Sonne sticht,
der Bauer spricht:
Die Kühe beißen und brommen,
es wird ein Regen kommen.

Wenn Gott es nicht regnen läßt,
so läßt er's tau'n.

Wenn Gott es regnen läßt,
gedeihen des Armen Nesseln
sowohl als des Reichen Rosen.

Wenn Gott will,
regnet es bei jedem Wind.

Wenn kein Tau fällt,
so kommt Regen.

Wenn kleiner Regen will,
macht großen Wind er still.

Wenn zu den Märtyrern
fällt Regen,
gibt's vierzehn Tage
Kot in Wegen.

Wer sich unter das Laub stellt,
wird zweimal naß.

Wie das Dach,
so der Tropfen.

Zu viel und kalte Regen
kommen dem Bienen- und
Weinstock nicht gelegen.

Zuviel Regen – kein kein Segen.

# Nebel

Auf einen trüben Morgen
folgt ein heiterer Tag.

Auf gut Wetter vertrau,
beginnt der Tag nebelgrau.

Auf Nebel stark
füllt Tod den Sarg.

Der Morgen grau,
der Abend rot,
ist ein guter Wetterbot.

Der Nebel bleibt in der Erde,
bis ihn die Sonne hinauszieht.

Des Stinknebels Gewalt
macht's Wetter rauh und kalt.

Dicke Abendnebel hegen
öfters für die Nacht den Regen.

Ein kleiner Nebel
verdirbt einen schönen Tag.

Fallender Nebel und Nebelregen
schönes Wetter
zu machen pflegen.

Grauer Morgen, heller Abend.

Grauer Morgen, schöner Tag.

Höhenrauch braun und dick
bricht dem Winter das Genick.

Nebel, der sich steigend erhellt,
bringt Regen;
doch klar Wetter, wenn er fällt.

Neblig Jahr macht fruchtbar gar.

Sind abends über Wies' und Fluß
Nebel zu schauen,
wird die Luft
anhaltend schön Wetter brauen.

Steigt morgens der Nebel empor,
so steht Regen bevor.

Tiefer Nebel verheißt schönes Wetter.

Viel Nebel im Frühjahr,
viel Regen im Sommer.

Wenn abends dicker Nebel liegt,
dann das schöne Wetter siegt.

Wenn der Nebel fällt zur Erden,
wird bald gutes Wetter werden,
steigt der Nebel nach dem Dach,
folgt bald großer Regen nach.

Wenn der Nebel Häufele baut,
wird trocken Wetter.

Wenn der Nebel
in die Höhe zieht,
fällt er in drei Tagen
als Regen nieder.

Wenn kurz vor Vollmond
der Sonn' Aufgang neblig war,
wird's Wetter in den nächsten Tagen
warm und klar.

# Blitz und Donner

Auf Donner folgt gern Regen.

Auf schwüle Luft
folgt Donnerwetter.

Aus hellem Himmel blitzt es nicht.

Bei Donner im Winter
ist viel Kälte dahinter.

Bei rotem Mond
und hellem Sterne,
sind Gewitter gar nicht ferne.

Blitze, die beiseit vom Wetter
entstehen, sind die gefährlichsten.

Der Blitz trifft mehr Bäume
als Grashalme.

Die frühen Gäste
kommen spät wieder.

Donnert's überm dürren Wald,
wird's in der Regel wieder kalt.

Ein Donner macht mehr Getümmel
als zehn Blitze.

Ein Donner vertreibt den andern.

Ein Donnerwetter
am ganz frühen Morgen
zieht noch mehrere
Gewitter nach sich.

Ein Gewitter
vertreibt das andere.

Eine kleine Morgenwolke
macht oft
ein großes Abendgewitter.

Es blitzt bei hellem Himmel,
so Gott will.

Es donnert selten bei schönem Wetter.

Es donnert so lange, bis es regnet.

Es kommt kein Donnerschlag,
es gehet
ein Wetterleuchten vorher.

Gewitter ohne Regen
ist ohne Segen.

Gewitter, die langsam ziehen,
schlagen am schwersten.

Groß Gebrüll wird bald gestillt.

Es trifft nicht jeder Blitz.

Gewitter in der Vollmondszeit
verkünden Regen lang und breit.

Je höher der Baum, je näher der Blitz.

Je mehr Donnerwetter,
je fruchtbarer das Jahr.

Lang Läuten bricht den Donner.

Morgengewitter
kommt am Abend wieder.

Schwere Gewitter
dauern nicht lange.

Sobald es donnert
überm kahlen Baum,
wirst stets
nur wenig Obst du schau'n.

Später Donner hat die Kraft,
daß er viel Getreide schafft.

Starker Donner,
kleine Wetter.

Viel Donnerwetter
machen ein fruchtbar Jahr.

Von den Eichen sollst du weichen,
von den Fichten sollst du flüchten,
von den Tännen sollst du rännen,
auch die Weiden sollst du meiden,
doch die Buchen sollst du suchen,
und die Linden mußt du finden.

Wenn das Gewitter schnell vorbei,
kommt bald ein anderes
an die Reih'.

Wenn der Donner einschlägt
und brennt, so stinkt alles
nach Schwefel.

Wenn du vorm Blitz nur sicher bist –
der Donner schadet nicht.

Wenn ein Wetter mit Donner anfängt,
so hört es gern mit Donner wieder auf.

Wenn es am Morgen
ein Wetter hat, so gibt es
auf den Abend wieder eins.

Wenn es blitzt von Westen her,
deutet's auf Gewitter schwer;
kommt von Norden her der Blitz,
deutet es auf große Hitz'.

Wenn Gott blitzt und donnert,
so läßt er auch regnen.

Wenn nach einem Gewitter
sich am Himmel ein Regenbogen
zeigt, ist für den nächsten Tag
wieder schönes Wetter zu erwarten.

Wenn's auf den
trockenen Boden donnert,
dann blüht ein Hitz',
wenn's auf nassen Boden donnert,
so blüht ein Regen.

Wenn's auf trockenen Boden donnert,
gibt's ein gefährliches Wetter.

Wenn's donnert,
wachen die Gebetbücher auf.

Wenn's viel donnert und blitzt,
wenig Korn am Buchweizen sitzt.

Wer das Gewitter zerläuten will,
den trifft es.

## Hagel, Eis und Schnee

Der Schnee ist ein gutes Kleid,
kommt er zu rechter Zeit.

Der Schnee muß
die Zaunpfähle einschneien,
sonst gibt es kein Heuen.

Der Schnee,
den die Sonne nimmt,
kommt wieder.

Eine gute Decke von Schnee
bringt das Winterkorn in die Höh'.

Es rührt kein Schneeflöcklein
das ander an, bis es
auf die Erden kommt.

Fällt der erste Schnee
in den Dreck,
wird der Winter keck.

Fällt der erste Schnee
ins Nasse, so bleibt er,
fällt er aufs Trockene,
geht er bald wieder ab.

Gibt's Schnee und Eis im Januar,
so fängt mit Kälte an das Jahr.

Glaub nicht, wenn's schneit
vor deinem Stall,
es schneit nun gar überall.

Hagel im Feld bringt Kält'.

Je tiefer der Schnee,
je höher der Klee.

Liegt der Schnee erst drei Tage,
dann liegt er auch drei Wochen.

Neuer Schnee – neue Kälte.

Schnee
ist des armen Mannes Dünger.

Schneit's dem Bauern auf den Hut,
ist's für den Filz nicht gut.

So hoch der Schnee,
so hoch das Gras.

Später Schnee
macht dem Bauern
Angst und Weh.

Treibeschnee
ist Bleibeschnee.

Viel Schnee,
viel Heu.

Viel und langer Schnee
gibt viel Frucht und Klee.

Wenn das Eis aufgeht,
fängt das Wasser zu fließen an.

Wenn das erste Wetter hagelt,
so hageln die folgenden
auch gern.

Wenn die Disteln hoch wachsen,
gibt's viel Schnee.

## Sturm und Wind

Ander Wind, ander Wetter.

Auf Bergen
geht der Wind heftiger
als im Tale.

Das Wetter kennt man am Winde
wie den Herrn am Gesinde.

Der Nordwind ist ein rauher Vetter,
aber er bringt beständig Wetter.

Der Wind von Aufgang
ist schönen Wetters Anfang.

Der Wind,
der sich mit der Sonne
erhebt und legt,
bringt selten Regen.

Dreht zweimal
sich der Wetterhahn,
so zeigt er Sturm und Regen an.

Ein großer Wind
bringt großen Regen.

Ein Wind, der von
Ostern bis Pfingsten regiert,
im ganzen Jahr sich wenig verliert.

Kommen die Wind'
aus Süd oder Westen,
so gehen die Fische
aus ihren Nesten.

Mit Ostwind schön Wetter beginnt.

Großer Wind
bringt oft nur kleinen Regen.

Großer Wind
ist selten ohne Regen.

Großer Wind ohne Regen
kommt selten gelegen.

Nach dem Sturme Sonnenschein.

Nordwind bei Vollmond sagt,
daß uns der Frost drei Wochen plagt.

Süd bringt Regen,
Nordwind Dürre,
danach richte dein Geschirre.

Südwind kalt wird selten drei Tage alt.

Viel Wind, viel Obst.

Viel Wind, wenig Regen.

Was der Wind bringt,
trägt er auch wieder fort.

Weht der Wind dauernd aus Süden,
ist uns bald Regen beschieden.

Weht's aus Ost bei Vollmondschein,
stellt sich strenge Kälte ein.

Weise Leute richten sich
nach dem Wetter und Wind.

Wenn es Sturm gibt,
schreien die Gimpel.

Wenn heftige Winde sich legen,
so folgt Regen.

Wer auf alle Winde will sehen,
der wird nicht säen
und nicht mähen.

Wer auf den Wind achtet,
der säet nicht;
wer auf die Wolken siehet,
erntet nicht.

Westliche Winde: naß,
nördliche Winde: kalt,
östliche Winde: trocken,
südliche Winde: warm.

Westwind und Abendrot
machen die Kälte tot.

Wetter und Wind
ändern sich geschwind.

Wie der Wind weht,
so wärmt die Sonne.

Wind in der Nacht
am Tage Wasser macht.

Wirf Spreu in die Luft,
und du wirst sehen,
woher der Wind kommt.

# Frost und Hitze

Abendrot bei West
gibt dem Frost den Rest.

Auf große Hitze große Kälte.

Auf Hitz und Regen
folgt Gottes Segen.

Auf schwüle Luft
folgt Donnerwetter.

Der Reif in einer einzigen Nacht
hat oft den Blüten
den Tod gebracht.

Ein trocken Jahr
ist nicht unfruchtbar.

Gefriert's an Silvester in Berg und Tal,
geschieht es dies Jahr zum letzten Mal.

Gestrenge Herren
regieren nicht lange,
drum sei bei starkem Frost
nicht bange.

Groß Ungewitter
kommt von großer Hitze.

Große Dürre schadet wohl,
aber sie verdirbt nicht.

Heiße Tage – schwere Wetter.

Ist's in diesem Jahre trocken,
gibt's im nächsten guten Roggen.

Je heißer das Wetter,
je mehr stechen die Fliegen.

Je wärmer der Abend,
je mehr quaken die Frösche.

Kälte vertreibt das Ungeziefer.

Nimmt der Tag zu,
nimmt die Kälte zu.

Warme Nächte bringen süßen Wein,
bei kalten wird er sauer sein.

Was mit Frost anfängt,
geht mit Frost aus.

Wenn die Nacht zu längen beginnt,
dann die Hitze
am meisten zunimmt.

Wenn es will Abend sein,
verliert die Sonne Hitz' und Schein.

Wenn viel Rauhfrost
an den Bäumen ist,
so wird viel Obst.

Werden die Tage länger,
so wird die Kälte strenger.

# Mond

Am jungen Licht
ein schwarzes Horn –
im alten wird's ein Regenborn.

Am letzten Viertel ein roter Streif,
der bringt gar manchen Regenstrich.

Bei rotem Mond und hellem Sterne
sind Gewitter nicht gar ferne.

Bleicher Mond regnet,
roter Mond weht,
weißer Mond klärt.

Der Mond
ist der Bauern Kalender.

Der Neumond
macht das Wetter.

Ein neues klares Mondeslicht
gibt von sehr trock'ner
Zeit Bericht;
wenn aber solches
gleichsam schwimmt,
allsdann das Naß
die Herrschaft nimmt.

Gibt Ring oder Hof sich Sonn' oder Mond,
bald Regen und Wind uns nicht verschont.

Hat der Mond einen Hof,
zeigt er Regen an.

Heller Mond und strenge Kält
lange nicht zusammenhält.

Ist der Ring nahe dem Mond,
uns der Regen verschont,
ist der Ring aber weit,
hat er Regen im Geleit.

Neumond im hellen Kleid,
bringt schöne Weinlesezeit.

Neumond mit Wind
ist zu Regen oder Schnee gesinnt.

Nordwind am Vollmond sagt,
daß uns der Frost drei Wochen plagt.

Reif zum Vollmond kündet an,
daß bald Kälte kommen kann.

Seht ihr den Neumond hell und rein,
So wird ein gutes Wetter sein;
ist aber selbiger sehr rot,
so ist er vieles Windes Bot'.
Ist er denn bleich, so glaube frei,
daß nasse Zeit dahinter sei.

Vollmond mit Wind
ist zu Regen gesinnt.

Weht es aus Ost
bei Vollmondschein,
dann stellt sich
strenge Kälte ein.

Weht's bei Neumond her vom Pol,
bringt es kühlen Regen wohl.

Wenn der Mond hat einen Ring,
so folgt der Regen allerding.

Wenn der Mond neu worden,
so merke diesen Orden:
scheint er weiß,
so ist das Wetter schön und rein;
scheint er rot,
so ist er ein Windesbot';
scheint er bleich,
so ist er feucht und regenreich.

Wenn der Mond voll wird,
geht er über (regnet's).

Wenn kurz vor Vollmond
der Sonn' Aufgang
neblig war,
wird's Wetter
in den nächsten
Tagen warm und klar.

Tut's nach dem Neumond
nächstem Tag regnen,
wird solches
den ganzen Monat begegnen.

# Sterne

Die dunkle Nacht heitern Tag macht.

Flimmernde Sterne
bringen Wind recht gerne.

Je dunkler die Nacht,
je schöner der der Tag.

Je finsterer die Nacht,
je heller der Morgen.

Schöne Nächte – trübe Tage.

Wenn die Sterne zittern, kommt Wind.

Wer sehen will ein frühes Jahr,
geb fleißig Achtung, sag ich fürwahr,
auf die Plejades,
sonst die Gluck-Henn genannt,
die in dem Stier hat ihren Stand.
Denn vor ihrem Untergang
mit der Sonnen Regen,
verbringen des Jahres
reichlichen Segen.
Regnet es aber in der Untergangszeit,
ein mittelmäßig's Jahr bedeut'.
Regnet es aber nach ihrem Niedergang,
bleibt uns ein spät Jahr zum
Unterpfand.

# Tiere

Baut die Ameise hoch ihr Haus,
fällt der Winter trocken aus.

Je größer die Ameisenhügel,
je straffer des Winters Zügel.

Wenn die Ameisen
sich verkriechen,
werden wir Regen kriegen.

Wenn eine Amsel im Haus,
so bleibt der Blitz daraus.

Hältst Bienen und Schaf,
lieg nieder und schlaf.

Kommen die Bienen
nicht heraus,
ist's mit dem
schönen Wetter aus.

Wenn das Feld arm ist,
sind die Bienen reich.

Wenn die Bienen
ihre Stöcke früh verkitten,
kommt bald
ein kalter Winter geritten.

Singen die Buchfinken
früh vor Sonnenaufgang,
künden sie Regen.

Je fetter Dachs und Vögel sind,
desto kälter kommt das Christuskind.

Kreisen Dohlen in der Luft,
kommt Wind.

Eine Elster allein
ist schlechten Wetters Zeichen;
doch fliegt das Elternpaar,
wird schlechtes Wetter weichen.

Kommt die wilde Ent',
so hat der Winter ein End'.

Wenn der Esel die Ohren schüttelt,
so wird ihm der Kopf gewaschen.

Der Finken lauter Schlag
deutet einen Regentag.

Geht der Fisch nicht an die Angel,
ist an Regen bald kein Mangel.

Kommen die Fische
früh ans Licht,
trau den Tag
dem Wetter nicht.

Morgens lauter Finkenschlag,
kündigt Regen für den Tag.

Springende Fische
bringen Gewitterfrische.

Wann die Fisch'
im Wasser emporspringen,
so bedeutet es Regenwetter.

Wenn die Finken fleißig schlagen,
künden sie von Regentagen.

Fliegen die Fledermäuse abends umher,
kommt anhaltend schönes Wetter her.

Sind noch Fliegen an der Wand,
hält noch die Sonn' den Frost gebannt.

Viel Fliegen im Sommer –
im nächsten Jahr viel Korn.

Wenn die Forellen früh laichen,
gibt es viel Schnee.

Die Frösche quaken wohl,
aber das Wetter machen sie nicht.

Frösche auf Wegen und Stegen
deuten auf baldigen Regen.

Gibt's im Frühjahr viel Frösche,
so geraten die Erbsen.

Lassen die Frösche
sich hören mit Knarren,
wirst nicht mehr lange
auf Regen du harren.

Mögen die Frösche quaken,
der Mond wird doch voll.

Nicht jedes Froschgeschrei
zieht Regen herbei.

Quaken die Wasserfrösche
bis tief in die Nacht,
so folgt trockenes Wetter danach.

Sobald die Sonne aufzieht,
halten die Frösch' ihre Goschen.

Wenn der Laubfrosch schreit,
ist der Regen nicht weit.

Wenn die Kröten fleißig laufen,
wollen sie bald Regen saufen.

Bellt der Fuchs im grünen Wald,
stellt sich ein der Regen bald.

Läßt der November
viel Füchse bellen,
wird der Winter
viel Schnee bestellen.

Steht die Gans auf einem Fuß,
dann kommt bald ein Regenguß.

Wenn sich das Geflügel früh mausert,
so gibt's einen frühen Winter.

Je mehr Goldammern,
je höherer Schnee.

Wenn die Goldkäfer laufen,
braucht der Wirt den Wein
nicht zu kaufen.

Je rauher der Hase,
je kälter die Nase.

Kommt der Has' in die Gärten,
will sich der Winter noch härten.

Kräht der Hahn abends
oder nachts,
so gibt es anderes Wetter.

Kräht ein Hahn auf dem Mist,
bleibt das Wetter, wie es ist.
Kräht ein Hahn
auf dem Hühnerhaus,
hält das Wetter die Woche aus.

Wenn das Huhn sich mausert
vor dem Hahn,
werden wir
einen harten Winter han.

Wenn der Hahn kräht
im Hühnerstall,
gibt's unter der Trauf'
einen Wasserfall.

Wenn der Hahn
vor Mitternacht schreit,
ist Landregen nicht weit.

Wenn die Hühner
den Schwanz hängen lassen,
so kommt Regen.

Wenn man den Hahn
krähen hört,
muß man nicht gleich glauben,
daß es Tag ist.

Wenn nicht der Hahn
die Stund' recht halt,
so ändert sich das Wetter bald.

Geht der Hirsch auf die Brunft,
säe Korn mit Vernunft.

Wenn der Hund das Gras benagt
und die Frau ob Flöhe klagt,
wenn die Sonne bleich von Schein,
Frösche morgens Quäker sein,
die Magd sehr schläfrig
sitzt im Haus,
der Rauch nicht will
zum Schornstein raus,
so soll, wie man glaubt allgemein,
der Regen uns sehr nahe sein.

Wenn die Hunde Gras fressen
und widerspei'n und sich
auf der Erde wälzen,
so kommt Donnerwetter
und Regen.

Geben die Johanniswürmchen
ungewöhnlich viel Licht,
so ist schönes Wetter in Sicht.

Wenn die Johanniswürmchen
stark leuchten und glänzen,
wird schönes Wetter.

Die Katze kratzt den Wind um:
wohin sie kratzt,
daher weht am andern Tag
der Wind.

Es gibt gut Wetter,
wenn die Kälber spielen.

Siehst du die Katze
gähnend liegen,
weißt du,
daß wir Gewitter kriegen.

Wenn die Katze sitzt am Feuer,
ist der Regen nicht geheuer.

Wenn sich die Katzen putzen,
gibt es gutes Wetter.

Kiebitz tief und Schwalbe hoch,
bleibet trocken Wetter noch.

Die Krähe
ruft den Regen.

Tummeln die Krähen sich noch,
bleibt noch des Winters Joch.
Wenn sie vom Felde verschwinden,
wird sich bald Wärme finden.

Wenn die Krähen schrein,
stellt sich Regen ein.

Der Bauer im Zuge,
die Bachstelz im Fluge,
den Kuckuck aufs rechte Ohr,
das bedeut't ein fröhlich Johr.

Der Kuckuck schreit nicht eher,
bis der Hafer grün ist.

Hält die Kuh das Maul
nach oben im Lauf,
so zieht bald Gewitter auf.

Kommen die Kühe abends
lange nicht nach Haus,
so bricht am nächsten Tag
schlecht Wetter aus.

Eine Lerche, die singt,
noch keinen Sommer bringt;
doch rufen Kuckuck und Nachtigall,
so ist es Sommer überall.

Je mehr die Maikäfer verzehren,
je mehr wird die Ernte bescheren.

Kommt die Feldmaus ins Dorf,
so sieh nach Holz und Torf.

Maikäferjahr – gutes Jahr.

Mäusejahr und Hageljahr
sind gute Jahr'
und bringen keine Teuerung.

Scharren die Mäuse tief sich ein,
wird ein harter Winter sein.

Sind der Maikäfer und Raupen viel,
steht eine reiche Ernte im Ziel.

Viel Maikäfer
lassen ein gutes Jahr hoffen.

Die Mücken tanzen – es gibt gut Wetter.

Wenn die Mücken spielen,
wird schönes Wetter.

Wenn alte Ochsen spielen,
toben und ländern,
will sich das Wetter ändern.

Wenn die Raben schreien,
folgt Regen.

Wenn viel Raupen sein,
gibt's viel Korn und Wein.

Versteckt sich das Rotkehlchen
in hohlen Bäumen,
kommt Wind und Regen ohne Säumen.

Wenn sich die Schafe
auf der Weide mit den Köpfen
zusammenstellen, folgt Gewitter.

An den Schwalben merkt man,
daß es Sommer ist.

Bleiben die Schwalben lange,
sei vor dem Winter nicht bange.

Eine Schwalbe
bringt noch keinen Sommer.

Fliegen die Schwalben
in den Höh'n,
kommt ein Wetter, das ist schön.

Gedeiht die Schnecke und die Nessel,
füllen sich die Speicher und Fässel.

Rüsten sich Schwalben
und Störche zur Reis',
dauert's nicht lang mehr,
so wird es weiß.

Siehst du die Schwalben
niedrig fliegen,
wirst du Regenwetter kriegen.

Wenn die Schwalben
niedrig fliegen,
verkünden sie Regen.

Wenn man Schwalben im Hause hat,
schlägt der Blitz nicht ein.

Baden Spatzen und Hühner im Sand,
kommt Regen ins Land.

Ist die Spinne träg zum Fangen,
Gewitter bald am Himmel hangen.

Kriecht die Spinne
vom Netz zum Loch,
gibt's am Tage Gewitter noch.

Reißt die Spinne
ihr Netz entzwei,
kommt der Regen
bald herbei.

Spinne am Morgen –
Gram und Sorgen;
Spinne am Abend –
süß und labend.

Wenn die Spinne
den Boden bespannt,
kommt der Bauer
mit dem Samen gerannt.

Wenn die Spinnen emsig weben
im Freien,
läßt sich dauernd schönes
Wetter prophezeien;
weben sie nicht, wird's Wetter
sich wenden,
geschieht's bei Regen,
wird bald er enden.

Wenn die Spinnen
im Regen spinnen,
wird er nicht mehr lange rinnen.

Wenn die Spinnen kriechen,
sie schon den Winter riechen.

Wenn die Spinnen
Wäsch' aufhängen,
kommt gutes Wetter.

Ziehen die Spinnen ins Gemach,
kommt gleich der Winter nach.

Wenn die Stare hoch sitzen,
gibt es schönes Wetter.

Wenn die Störche zeitig reisen,
kommt ein Winter von Eisen.

Wo der Storch nistet auf dem Dach,
kommt weder Blitz
noch Ungemach.

Werfen die Schweine Heu
und Stroh hin und her und spielen
damit, stehen Donner
und Regen bevor.

Wenn der Tauber noch girrt,
hat der Herbst geirrt.

In dürren Jahren mehrt sich
das Ungeziefer.

Merkt, daß heran Gewitter zieh',
schnappt auf der Weid'
nach Luft das Vieh;
auch wenn's die Nasen
aufwärts streckt
und in die Höh'
die Schwänze reckt.

Jeder Vogel
singt zu seiner Zeit.

Wenn die Vögel putzen die Federn,
wollen sie den Regen ködern.

Zieht der Vogel schon zeitig ins Weite,
bringt November
schon Winterfreude.

Wachtelruf und Wachtelschlag
bedeutet künft'gen Regentag.

Wenn die Wachteln fleißig schlagen,
künden sie von Regentagen.

Kommt die Weihe gezogen,
so ist der Winter verflogen.

# Pflanzen

Schönes Wetter
künden die Anemonen,
wenn sie ihre Blüten weit öffnen,
schlechtes, wenn sie ihre Kronen
geschlossen halten.

Wenn d' Apfelbäum' blüh'n,
soll der Ofen glüh'n.

Wenn die Aprikosen blühen in Pracht,
ist der Tag so lang wie die Nacht.

An den hohen Bäumen
merkt man am besten,
woher der Wind weht.

Auf großen Raum
pflanz' einen Baum
und pflege sein,
er bringt dir's ein.

Baumblüte spät im Jahr,
nie ein gutes Zeichen war.

Baumholz, zwischen November
und Februar gehauen,
wird am dauerhaftesten
und nicht wurmstichig.

Wenn die Bäume
zweimal blüh'n,
wird sich der Winter
bis Mai hinzieh'n.

Je stärker
im Walde
die Bäume knacken,
je härter wird
der Winter packen.

Fließt jetzt noch der Birkensaft,
dann kriegt der Winter keine Kraft.

Sitzen die Birnen fest am Stiel,
bringt der Winter Kälte viel.

Wenn die Birke Kätzchen hat,
ist es Zeit zur Gerstensaat.

Die blauen Blümchen fragen,
ob nah die warmen Tage.

Fällt's Buchenlaub früh und schnell,
wird der Winter streng und hell.

Viel Buchnüsse und Eicheln,
wird der Winter nicht schmeicheln.

Blüh'n die Disteln reich und voll,
ein schöner Herbst dir blühen soll.

Wenn die Disteln hoch wachsen,
gibt's viel Schnee.

Eichäpfel früh und sehr viel
bringen vor Neujahr
Schnee in Füll'.

Grünt die Eiche vor der Esche,
hält der Sommer große Wäsche;
grünt die Esche vor der Eiche,
hält der Sommer große Bleiche.

Viel Eicheln – viel Schnee.

Wenn die Eichen
viel Früchte tragen,
wird der Winter lange tagen.

Wenn Eicheln
und Bucheckern wohl gedeihen,
so ist's im Winter kalt
und tut viel schneien.

Wenn die Esche blüht,
gibt es keinen Frost mehr.

Trockene Fichten – gutes Jahr.

Wenn der Flieder
langsam verblüht,
die Ernte sich lang hinzieht.

Ein Grasjahr
ist zu nichts anderem gut.

Ist der Hanf ein Riese,
so wird die Kartoffel ein Zwerg.

Viel Heu – wenig Korn.

Holunder tut Wunder.

Holz nie fällen in der Saftzeit,
sonst wird es vom Wurm befallen.

Regnet's in die Hopfenstecken,
wird das nächste Bier nicht
schmecken.

Wer sein Holz
um Weihnachten fällt,
dem ein Gebäude zehnfach hält.

Wie der Holunder blüht,
Rebe auch und Lieb' erglüht;
blühen beide im Vollmondschein,
gibt's viel Glück und guten Wein.

Wie der Holunder blüht,
so blühen auch die Reben.

Eine gute Kirschblüte tut sagen,
daß wir auch eine gute Wein-
und Kornblüte werden haben.

Dem Korn unter dem Schnee
tut die Kälte nicht weh.

Je mehr Kohl, je weniger Heu,
diese Regel ist nicht neu.

Läßt die Königskerze
den Kopf hängen,
steht schlechtes Wetter bevor.

Wenn das geschnitten
liegende Korn
knistert und platzt,
kommt bald Regen.

Wenn der Kohl gerät,
verdirbt das Heu.

Fällt das Laub zeitig
von den Bäumen,
so ist ein schöner Herbst und
gelinder Winter zu erwarten.

Fällt das Laub zu bald,
wird der Herbst nicht alt.

Fällt das Laub nicht weit vom Baum,
so folgt ein fruchtbares Jahr.

Fällt im Wald
das Laub sehr schnell,
ist der Winter bald zur Stell'.

Je eher das Laub fällt,
desto fruchtbarer ist das Jahr.

Wenn die Blätter abfallen beizeit,
verspricht's aufs Jahr
viel Fruchtbarkeit.

Wenn fängt das Laub zu stehen an,
die Vögel haben das Legen getan.

Wenn's Laub spät fällt,
folgt große Kält'.

Lupine und weiße Akazie
schließen ihre Blüten rechtzeitig
vor jedem Regen oder Unwetter.

Der Mohn und die Kornblume
recken bei trockenem Wetter ihre
Blüten der Sonneentgegen;
aber die Blütenköpfe senken sich,
wenn Regenwetter
oder Sturm aufzieht.

Wo viel Moos,
ist nicht viel los.

Die Nachtviole und die Linde
duften stark, wenn Feuchtigkeit
in der Luft kommenden Regen
anzeigt.

Blüte schnell und ohne Regen
verspricht beim Obste
großen Segen.

Reifen die Früchte spät,
so erwartet man einen warmen,
freundlichen Herbst.

Die Ringelblume öffnet bei
nahendem Regen ihre Blüten erst
nach sieben Uhr morgens,
jedoch schon vor sieben Uhr,
wenn gutes Wetter zu erwarten ist.

Späte Rosen im Garten,
der Winter läßt warten.

Viel Rosen, scharfes Wintertosen.

Wenn die wilden Rosen blühen,
ist es Zeit zur Erbsensaat.
Hafer säe auf die Felder,
wenn die Buche Blüten hat.
Wenn die Eichenknospe bricht,
dann vergiß die Gerste nicht.

Die Rübe will gerüttelt sein,
wenn sie soll gedeihen fein.

Je früher die Schlehdornblüh',
je früher die Erntemüh'.

Steht der Schlehdorn früh
im Blütenschein,
wird vor Jakobi schon die
Ernte sein.

Viele Schwämme –
viel Schnee.
Keine Schwämme –
kein Schnee.

Wenn das Jahr
viel Schwämme bringt,
der Landmann dann
mit Hunger ringt.

Wenn's viel Schwämme hat,
so gibt's einen strengen Winter.

Blüht der Stock in vollem Licht,
große Beeren er verspricht.

Wenn die Ulmen blüh'n,
soll man die
Laichnetze auswerfen.

# Literatur


## I. Bibliographien

Franz, Günther: Bücherkunde zur Geschichte des deutschen Bauerntums, Neudamm und Berlin 1938

Moll, Otto E.: Sprichwörterbibliographie, Frankfurt a. M. 1958

## II. Sammlungen

Beyer, Horst und Annelies: Sprichwörterlexikon, Leipzig

Eilert, Pastor: Deutsche Volksweisheit in Wetterregeln und Bauernsprüchen, Berlin 1934

Haldy, Bruno: Die deutschen Bauernregeln, Jena 1923

Heyd, Werner P.: Bauernweistümer, Wetterregeln, Lostagssprüche, Memmingen 1971

Heyd, Werner P.: Bauernweistümer, zweiter Band, Wetterpropheten in der Natur, Memmingen 1973

Lipperheide, Franz von: Spruchwörterbuch, Berlin 1907

Reinsberg-Düringsfeld, Otto von: Das Wetter im Sprichwort, Leipzig 1864, Nachdruck 1974

Richey, Werner und Strich, Michael: Der Honig ist nicht weit vom Stachel, Leipzig 1984

Wander, Karl Friedrich Wilhelm: Deutsches Sprichwörterlexikon, 5 Bände, Leipzig 1867-1880

## III. Sekundärliteratur

Bächtold-Stäubli, Hanns (Hrsg.): Handwörterbuch des deutschen Aberglaubens, Berlin 1927, 1942, Nachdruck 1987

Beitl, Richard und Erich, Oswald A.: Wörterbuch der deutschen Volkskunde, Leipzig 1936

Hauser, Albert: Bauernregeln, Zürich 1973

Kostenzer, Helene und Otto: Alte Bauernweisheit, Rosenheim 1975

Malberg, Horst: Bauernregeln, Berlin 1993

Petsch, Robert: Spruchdichtung des Volkes, Halle 1938

Seiler, Friedrich: Deutsche Sprichwörterkunde, München 1922

## IV. Bildquellen

Bartels, Adolf: Der Bauer, Jena 1900

Diederichs, Eugen (Hrsg.): Deutsches Leben der Vergangenheit in Bildern, Jena 1908